BBP
バウアーベッディングプロセッサー

- BBP 400 　　〜400頭規模用
- BBP 1000　 約1,000頭規模用
- BBP 2000　 約2,000頭規模用

全自動・省力・スピーディーに戻し堆肥を製造するコンテナユニット。
心臓部の固液分離機は信頼の **BAUER-FAN** 製『プレスター』
その確実な絞りと調整コントロールシステムで牛スラリーを
わずか18〜22時間で水分率60%*程度に加工（*数値は使用条件により異なります）
病原性微生物の処理プロセスを経た衛生的で良質な敷料に転化・利用
できます。また、インターバル運転が可能な為、対象頭数の変化にも
対応可能。

圧倒的な分離性能
BAUER-FAN セパレーター

BBP Compact（山梨県内）

省スペース・設置も簡単！
ワンパス加工で即敷料に使用可能！

BAUER バウアーのスラリー利用関連製品

 **LEE / LEC シリーズ** マグナム竪型ポンプ NEW

 **ESPH / CSPH シリーズ** マグナム水中ポンプ

 **SM シリーズ** マグナム陸上ポンプ

 **MTX / MEX シリーズ** 竪型スラリーミキサー

 **MSXH シリーズ** 水中スラリーミキサー

 PRESSTAR シリーズ 固液分離機

 **Slurry Tanker シリーズ** スラリータンカー NEW

For a green world
RYOKUSAN 緑産株式会社
www.ryokusan.co.jp

本　　　社	神奈川県相模原市中央区田名3334	TEL 042(762)1021　FAX 042(762)1531
支　　　社	北海道江別市豊幌花園町1番の2	TEL 011(381)6711　FAX 011(381)6722
東北海道(営)	北海道北見市北上785番地5	TEL 0157(66)7122　FAX 0157(66)7121
帯広(営)	北海道帯広市西17条南4-21-11	TEL 0155(38)2756　FAX 0155(35)2757
営業所	盛岡(営) TEL 019(681)3577・仙台(営) TEL 022(281)9326・熊本(営) TEL 096(381)7538	

お問合せは
お近くの営業所または本社農機システム部
TEL 042(762)1021 まで
sales@ryokusan.co.jp

信頼の実績
スラリー機器のトップブランド
BAUER

スラリー利用体系畜舎へ
新しいベッティングシステム

デラバルが提案する搾乳自動化シリーズ

～労働コストを大幅カット～

多くの酪農家が労働力問題の解決と、生産性・収益性を向上させるための新しい手法を探しています。デラバルは搾乳自動化でそれらの課題解決を提案します。

大規模牧場での自動搾乳が可能に
AMR — Automatic Milking Rotary

DeLaval AMR™は、大規模牧場自動化の次のステップを意味します。多くの頭数を一日に多回数搾乳するために必要な柔軟性を備えています。

搾乳作業に費やされる時間が減り、牧場全体の管理に注力することができます。

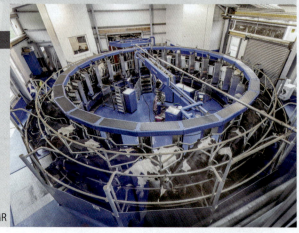

DeLaval AMR

究極の自動搾乳機・先端の牛群管理システム
VMS — Voluntary Milking System ＋ ハードナビゲーター Herd Navigator

酪農家の高い要望に応えるためにデラバルが提案するのは、自動搾乳機VMS™の導入です。日常の搾乳作業から開放されるため、給飼、繁殖、健康、衛生などの管理業務に時間を割くことができます。

ハードナビゲーターは最先端の主たる疾病の早期発見予防システム。乳牛からのメッセージを解析し、疾病管理や繁殖管理の向上に貢献します。

DeLaval VMS

ロータリーにプラス
TSR — Teat Spray Robot

ティートスプレーロボット TSR™は、ロータリーパーラーのプラットホームの外側に設置されます。ロボットアームの先に取り付けられた高性能カメラが牛の乳頭を正確に検知し、消毒液をスプレーします。TSRは、静かに素早く正確に消毒液をスプレーします。

DeLaval TSR

デラバル株式会社

東京都新宿区新宿一丁目28番11号
TEL：03-5919-3367

| デラバル | 検索 |

We live milk

DAIRYMAN 臨時増刊号

牛と人に優しい牛舎づくり

【監修】高橋 圭二

デーリィマン社

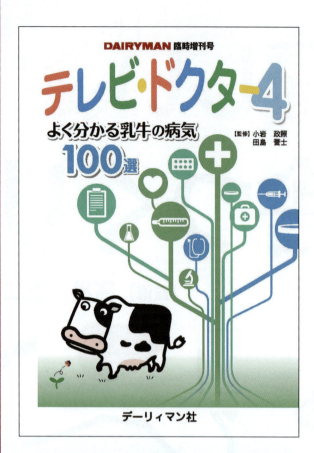

デーリィマン2017年 臨時増刊号

テレビ・ドクター4
よく分かる乳牛の病気100選

監修　小岩　政照（酪農学園大学）
　　　田島　誉士（酪農学園大学）

　乳牛の泌乳能力向上の一方、周産期病の発生、繁殖成績の低下、濃厚飼料多給による疾病が目立っています。そのため供用期間は短くなり、生乳生産基盤の弱体化が不安視されています。また、フリーストール牛舎の普及による肢蹄障害も増加しています。飼養頭数が増加していく半面、個体管理を適切に行うことが難しくなっており、ますます病気の早期発見と正しい予防管理の必要性が問われています。

　本書は、1982年から続く人気シリーズ「テレビ・ドクター」の第4弾です。第一線で活躍されている臨床獣医師、研究者が執筆を担当し、最新の知見も盛り込みながら、主要な内科・外科・繁殖関連の100の病気を取り上げ、鮮明なカラー写真を用い、疾病の特徴を分かりやすく解説、酪農家による応急処置や予防方法も紹介します。

B5判　236頁　オールカラー
定価　4,381円＋税　　送料　288円

【主な内容】
- ●近年の重大疾病と予防策
    子牛の免疫とワクチン管理／子牛の死産
    地方病型（流行型）牛白血病
    牛ウイルス性下痢・粘膜病
    マイコプラズマ性乳房炎
- ●突然死する病気
- ●起立不能を示す病気
- ●下痢を示す病気
- ●急に食欲減退を示す病気
- ●採食不能を示す病気
- ●呼吸困難を示す病気
- ●神経症状を示す病気
- ●子牛の病気
- ●外科に関する病気
- ●妊娠期の母子の異常
- ●分娩時と分娩直後の異常／他、計23分類

―図書のお申し込みは下記へ―

デーリィマン社 管理部
☎ 011(209)1003　FAX 011(209)0534
〒060-0004　札幌市中央区北4条西13丁目
e-mail　kanri@dairyman.co.jp

※ホームページからも雑誌・書籍の注文が可能です。http://dairyman.aispr.jp/

監修の言葉

　ここ数年、乳価や乳牛の個体価格が高水準で推移していることから、酪農家の生産意欲は高い状況にあります。施設整備関連の国の助成も手厚くなっており、酪農経営の投資への追い風が続いています。こうした酪農情勢を踏まえ、本書「牛と人に優しい牛舎づくり」を企画しました。牛舎施設・設備の新築・改修により、省力的で作業効率が高く、乳牛にとって快適な牛舎にするための技術を提案をするためです。

　第Ⅰ章「牛舎づくりのための乳牛生理」では、牛舎設計の前提となる基礎知識として、「哺育・育成牛」「泌乳牛・乾乳牛」の生理について解説、哺育・育成牛については施設構造に関連する乳牛行動についても取り上げています。乳牛生理に基づく牛の反応を理解し、それを妨げない施設づくりの参考にしてください。

　第Ⅱ章「牛舎構造・レイアウト」では「哺乳牛」「育成牛」「成牛」「乾乳牛」、それぞれのストールや牛床の寸法・条件と牛舎レイアウトについて、具体的な構造図や平面図とともに解説しています。「搾乳ロボット牛舎」については、乳牛の効率的な移動を促すレイアウト例や、牛の訪問データに基づく有効利用のためのノウハウを、「糞尿処理施設」については飼養方式と敷料使用量などに応じた適切な処理・貯留ができる各種処理施設を紹介しています。

　第Ⅲ章「牛舎環境の制御」では暑熱時や寒冷時の牛舎環境制御方法などを取り上げました。第Ⅳ章「牛舎評価のポイント」では、酪農家や農業改良普及センター職員などが実践できる牛舎の環境計測と評価法、アニマルウェルフェアや乳牛行動の観点、そして牛体の汚れと損傷・ケガを防ぐための評価法を解説しています。これらは既存牛舎にも利用できます。また本章には投資の判断に役立つ経営の評価項目も加えています。第Ⅴ章「新築・改修事例」では牛舎建設・改修の際に工夫したポイントや使用後の感想を事例として紹介しています。

　本書では、牛や管理者にとってストレスの少ない牛舎レイアウトや牛床構造に向けたアドバイスだけでなく、それを乳牛サイド、経営サイドから評価する手法も取り上げており、設計段階から建築後、そして既存も含めた牛舎の診断に活用できる内容です。

　さて、監修作業中の9月6日未明に北海道胆振東部地震が発生し、北海道全域で停電が発生(ブラックアウト)しました。酪農家の皆さんは、自家発電機を使い何とか搾乳できた場合でも、乳業工場の復旧に時間を要したことから、生乳を廃棄せざるを得ない事態に陥りました。この経験から、「牛と人に優しい牛舎づくり」を目指すのであれば、酪農を取り巻くエネルギー対策にも触れるべきだったと考えましたが、これについては今後のデーリィマン本誌や増刊号のテーマとして取り上げてもらえればと思います。

　最後に、ご多忙の中、詳細な解説を快くお引き受けいただいた執筆陣に心から感謝します。特に、酪農現場での対応に日々奮闘する農業改良普及センターの皆さんに敬意を表するとともに、現地事例を紹介いただいたことに深謝致します。

2018年9月

酪農学園大学農食環境学群教授　髙橋　圭二

目　次

監修の言葉 ··· 7
読者の皆さまへ ··· 9
執筆者一覧 ·· 10

第Ⅰ章　牛舎づくりのための乳牛生理
　哺育・育成牛 ·· 福森　理加／森田　茂　12
　泌乳牛・乾乳牛 ·· 及川　伸　24

第Ⅱ章　牛舎構造・レイアウト
　哺乳牛の施設 ·· 高橋　圭二／堂腰　顕　34
　育成牛の施設 ·· 高橋　圭二　44
　乾乳牛・分娩牛・治療牛の施設 ··· 菊地　実　56
　成牛の施設・タイストール牛舎 ··· 堂腰　顕　64
　成牛の施設・放し飼い牛舎 ··· 堂腰　顕　69
　搾乳ロボット牛舎 ·· 堂腰　顕／森田　茂　77
　糞尿処理施設 ·· 高橋　圭二　87

第Ⅲ章　牛舎環境の制御
　暑熱対策 ·· 池口　厚男　104
　寒冷対策 ·· 菊地　実　112
　換気構造 ·· 堂腰　顕　119

第Ⅳ章　牛舎評価のポイント
　環境のモニタリング ·· 高橋　圭二　126
　アニマルウェルフェア ·· 瀬尾　哲也　135
　乳牛行動 ·· 竹田　謙一　143
　牛体の汚れと損傷・ケガ ·· 及川　伸／中田　健　152
　経営面からの投資の判断 ·· 日向　貴久　163

第Ⅴ章　新築・改修事例

つなぎ飼い牛舎	高倉　弘一	172
搾乳ロボット牛舎①	植村　哲史	174
搾乳ロボット牛舎②	髙見　尚宏	176
搾乳ロボット牛舎③	藤田　千賀子	178
哺育・育成牛舎①	杉田　香	180
哺育・育成牛舎②	川原　成人	182
換気設備	角川　貴俊	184

読者の皆さまへ

　酪農家戸数の減少傾向は収まらず、2018年2月現在の全国の酪農家戸数は1万5,700戸で、前年に比べ700戸減っています。1963年の41万7,600戸をピークに減少が続いていますが、乳牛飼養頭数(雌)は132万8,000頭で5,000頭増加しており、02年以来、実に16年ぶり前年を上回りました。飼養頭数の増加は、ここ数年、高水準で推移する乳価や個体価格を反映したもので、酪農家の増産意欲が高まっていることの表れでしょう。

　国の支援制度も大規模経営向け、小中規模経営向けともに手厚く、増産意欲を後押ししており、施設・設備の新築・改修などにより、牛にとってストレスが少ない牛舎環境を整え、生乳の安定供給に貢献することが求められています。一方、1戸当たり飼養頭数は増加が続き、経営の大規模化に拍車がかかっており、作業効率化を進める必要もあります。

　本書はこうした酪農情勢を踏まえ、「牛舎づくりのための乳牛生理」「牛舎構造・レイアウト」「牛舎環境の制御」「牛舎評価のポイント」「新築・改修事例」という5章構成で、牛舎の新築・改修の際に参考となる情報を網羅しました。乳牛の快適性向上、効率的な作業動線の実現に向け、本書をご活用いただければ幸いです。

デーリィマン編集部

執筆者一覧 （50音順・敬称略）

監修　高橋　圭二

池口　厚男	宇都宮大学農学部農業環境工学科生物資源循環工学研究室教授
植村　哲史	釧路農業改良普及センター釧路中西部支所主査
及川　伸	酪農学園大学獣医学群獣医学類ハードヘルス学ユニット教授
角川　貴俊	宗谷農業改良普及センター宗谷北部支所地域係長
川原　成人	宗谷農業改良普及センター本所主任普及指導員
菊地　実	きくち酪農コンサルティング㈱代表取締役
杉田　香	十勝農業改良普及センター十勝東部支所専門主任
瀬尾　哲也	帯広畜産大学生命・食料科学研究部門家畜生産科学分野准教授
高倉　弘一	釧路農業改良普及センター本所専門主任
高橋　圭二	酪農学園大学農食環境学群循環農学類農業施設学研究室教授
髙見　尚宏	根室農業改良普及センター本所専門普及指導員
竹田　謙一	信州大学学術研究院農学系准教授
堂腰　顕	道総研酪農試験場酪農研究部地域技術グループ研究主幹
中田　健	酪農学園大学獣医学群獣医学類動物生殖学ユニット教授
日向　貴久	酪農学園大学農食環境学群循環農学類酪農・畜産経営論研究室准教授
福森　理加	酪農学園大学獣医学群獣医学類ハードヘルス学ユニット講師
藤田　千賀子	根室農業改良普及センター北根室支所専門主任
森田　茂	酪農学園大学農食環境学群循環農学類家畜管理・行動学研究室教授

第Ⅰ章

牛舎づくりのための乳牛生理

哺育・育成牛…………福森 理加／森田 茂　12

泌乳牛・乾乳牛……………………及川 伸　24

第I章 哺育・育成牛

牛舎づくりのための乳牛生理

福森　理加／森田　茂

本稿では哺育・育成牛の施設設計や改修をする上で、押さえておくべき子牛の生理・行動に関する基礎知識と飼養管理について、生理編・行動編の2つの節に分け解説します。

第1節・生理編のポイント

①出生から2～4カ月齢の哺育期間は疾病予防を優先し個別飼養が基本。乾燥して隙間風の当たらない空間で飼養する
②離乳移行期～離乳後は豊富な水の給与と飼料摂取を妨げない飼槽スペースに配慮する
③育成期はグループ飼養が基本で、牛群間の移動の容易さを重視する

■22～24カ月齢での初回分娩目指し

哺育・育成牛を管理する上で目的となるのは、生産性(乳生産や長命連産性)の高い後継牛を安定的かつ効率的に育成することです。目標の月齢で妊娠・分娩させるためには、哺育・育成の各ステージで基準となる体格に成長していなければなりません。初回分娩月齢は22～24カ月齢で最も生産性が高くなるといわれており、そのためには、13～15カ月齢で妊娠することになります。初回分娩は、難産・事故リスクや乳生産を考慮して、分娩時の体重が550kgに達していることが基準となっています。

また、初回授精の開始は月齢でなく体格(体重350kg、体高125cm以上)を基準に実施されます。初発情は8カ月齢以降に見られ、ホルスタイン種では月齢にかかわらず260kg、体高115cm程度の体格に達したときに現れるといわれています。子牛の成長は月齢に応じて発達する体や内臓の部位が異なるため、遅延した発育の帳尻を後のステージで合わせるよりも、各成長段階でトラブルなく順調に発育させることが望ましいといえます。

しかし、哺育・育成期(特に哺育期間)の免疫力や消化機能は未熟で、疾病やストレスにより発育は簡単に遅延してしまいます。哺育・育成牛が本来持っている発育能力を最大限に伸ばすためには、適切な栄養管理とともに、成長を阻害する要因を取り除くことが必要です。そのため、哺育・育成牛の飼養施設は牛にとって快適であり、衛生的でなければなりません。また、管理者にとって作業や観察の利便性が高いことも重要です。

本節では哺育・育成期の子牛の生理や管理上の配慮について概説するとともに、それらを踏まえた施設の留意点にも触れます。

■哺乳や観察が容易なことも重要

哺育期間(哺乳＋離乳移行期＋離乳後)は、乳牛の飼養で最も注意を払うべき時期の1つです。哺育期の特徴として、免疫機構が受動免疫(母牛の初乳成分に含まれる免疫物質によって感染を防ぐ)から能動免疫(免疫物質を子牛自らがつくり出す)に変わる時期であることが挙げられます。哺育期は牛の一生の中でも著しい成長を遂げる時期ですが、免疫力や環境への適応力は低く、寒冷ストレスや下痢・呼吸器疾患が、本来成長に利用されるはずだったエネルギーの消耗や損失を招きます。

また、摂取飼料がミルク(液状飼料)からカーフスターターおよび乾草といった固形飼料へと移行する期間であることも特徴と

いえます。酪農現場では早期離乳（6〜8週齢）が一般的です。

そうした観点から、出生から離乳期（2〜4カ月齢）にかけての子牛には特別な配慮が求められます。疾病のリスクを最小限にするために、他の牛から隔離し、乾燥して隙間風のない空間で飼養することが必要です。哺育期の施設は哺乳や観察が容易な場所にあることが望ましく、衛生管理および飼養管理面の両方を重視することが大切といえます。

■適切な分娩、初乳管理で その後の栄養管理の効果も高く

子牛の周産期死亡（妊娠日齢260日以降の分娩で、出生後48時間以内に死亡）の90％は、分娩時または分娩直後には子牛が生きている状態であることから、その大半は防ぎ得ると報告されています。一方、子牛が健康な状態で一生をスタートできると、その後の栄養管理による効果も高くなることが明らかにされています。子牛の出生管理は集中的で困難であり、費用がかかるものですが、死産による直接的な損失を減少させるだけでなく、将来の更新雌牛の生産性と健康への投資となります。現在推奨されている分娩や新生子牛の管理（出生〜初乳給与）について再確認します。

【分娩管理】

妊娠末期の母牛に対する栄養管理やストレスの少ない飼養環境の提供は、健康な子牛を得る第1ステップです。分娩牛の過密飼養や分娩14〜3日前の移動は母牛にストレスを与えるため避けるべきで、分娩牛を分娩房に移す場合には、分娩の前後とも極力、滞在期間が短くなるよう留意しましょう。

母牛や娩出直後の新生子牛を適切に管理するには、分娩兆候の観察が重要です。外貌の変化として、乳房は分娩14日前くらいから徐々に発達し、1〜2日前に最大となります。乳房に引き続き、乳頭にはしわがなくなり、張りやつやのある状態に進みます。骨盤靭帯（じんたい）は触診により、徐々に弛緩（しかん）し、分娩直前にはほとんどつかめない状態になり、尾根部がくぼんで見えます。外陰部も分娩が近づくにつれ腫脹（しゃちょう）し充血します。妊娠後期から分娩までの、これら外貌変化の進行具合は個体差があるため、管理者には日々の観察が問われます。

体温のモニタリングによる分娩予測は、精度が高く分娩の時間帯まで予測が可能であるため、良い手だてとなります。分娩の約22〜30時間前に一時的な体温の低下（同時間帯の平常体温から1℃程度の低下）が見られます。母牛が自由な姿勢で分娩できるよう、また寝返りや力みに支障がないよう分娩房は敷料を豊富に入れ、娩出時に子牛が汚染されないよう清潔にしておきます。

正常な分娩の場合、多くの子牛はすぐに呼吸を始め、頭を上げます。羊水が付いた新生子牛の体は冷えやすいため、直ちに拭き取って乾かす必要があります。子牛の呼吸が確認できたら、そのまま母牛にリッキングさせます。リッキングによる羊水の除去は人力で行うよりもはるかに速く、またマッサージ効果により、消化管運動が活発になり、第四胃に貯留する羊水の除去、排尿、排便が促され、初乳の吸収が高まるといわれています。

【臍帯（さいたい）炎の予防】

次に、臍帯炎予防を行います。臍帯炎による子牛の死亡は、出生後48時間〜離乳前までの子牛の死因の2％に及び、抗生物質などの治療により回復したとしても、他の感染症への影響、炎症による子牛の消耗リスクが高まります。臍帯炎の予防には清潔で乾燥した環境、臍帯消毒、そして適切な初乳の給与が有効といわれています。娩出時に子牛が汚染されないように分娩房を清潔に保つことが第一ですが、分娩房の細菌汚染を考慮すると、新生子牛を分娩房に長期滞在させず早期に母子を分離して子牛房に移すことが望まれます。

臍帯の処置方法は、臍帯内の血液を拭い

て、消毒剤としてイソジンや希釈ヨード剤を臍帯に浸すか、スプレーで塗布するのが一般的です。臍帯炎の予防で最も大切なことは、子牛の飼養施設を乾燥した状態に保つことです。

乳牛の子牛は出生直後に隔離され、1頭ずつ飼養されるのが基本で、個別ペンやカーフハッチを使用します。隔離後は親牛から離れた場所で、清潔で乾燥し換気が良く、隙間風がない状態で飼養します。ペンやハッチは分娩の1～2日前に、洗浄清掃・消毒し乾燥させておきます。このとき、牛床だけでなく壁や柵なども清潔にします。牛床の保温性はわら、オガ粉、コンクリートの順に高く、起立を妨げず、転倒を防止するためにも豊富に敷料を使用することが重要です。

【初乳の給与】

生まれて間もない子牛は、病気に対する抵抗力をほとんど持っておらず、母牛からの初乳の摂取に免疫機能を依存しています。子牛が母牛から免疫機能を十分に得たかどうかは、1～2日齢の血清IgG（免疫グロブリン）濃度が1.0g／dl以上であることが目安となります。この濃度を下回る子牛は受動免疫不全（Failure of Passive Transfer: FPT）と判定され、FPT子牛は疾病発生率や死亡率が高いことが報告されています。

良質な初乳に含まれるIgGの基準は50g／l以上とされています。これは、出生直後の子牛が自力で飲める初乳量が2l程度とすると、目標の血清IgG濃度（1.0g／dl）に到達できることに由来しています。現場検査ではIgG濃度を推定するツールとして、牛乳比重計や屈折式糖度計（Brix計）が用いられます。

IgGの基準濃度（50g／l）は比重計で1.047（22℃のとき）、Brix計で23%が目安です。子牛への初乳の給与タイミングと量の基本は24時間以内に4l以上ですが、まず6時間以内に2l以上、できるだけ多く飲ませます。子牛の腸管からの抗体吸収は出生後の時間経過とともに低下するため、なるべく早く摂取させた方が良いとされています。しかし、子牛の吸乳欲が出てきてから与えた方が吸収は良いともいわれています。

初乳の給与が成功したかどうかは、前述の血清IgG濃度に達しているかどうかで判定されますが、現場で検査可能な方法として、屈折計を用いた血清総タンパク質（TP）濃度で推定することが挙げられます。モニタリングの目標値は、1～7日齢における血清TP濃度が5.2g／dl以上を示す個体が群の90%、5.5g／dl以上を示す個体が群の80%に達していることです。

■離乳までに
ルーメン機能を発達させる哺乳管理

【子牛の消化器官・機能の発達】

出生直後の子牛はルーメンで餌を消化することができず、哺乳期間中はミルク中の糖類、脂肪分が主なエネルギー源となります。哺乳子牛は固形飼料を徐々に摂取することにより、ルーメンの消化吸収機能を発達させます。子牛に摂取された固形飼料は、ルーメン内の微生物により発酵を受け、その産物である揮発性脂肪酸（VFA）が宿主である牛のエネルギー源としてルーメン壁から吸収されます。

酪農現場では、子牛が離乳までにルーメン機能を発達させ、離乳後にルーメン発酵により生存や成長に必要な栄養素を吸収できるよう、哺乳量や離乳の時期を設定し適切に管理しなければなりません。ルーメンの発達には、物理的刺激とVFAによる化学的刺激が必要とされます。乾草のような物理性のある飼料はルーメン容積を増大させる一方で、ルーメン絨毛（じゅうもう）の形成を促すのはVFAであり、中でも酪酸の効果が大きいことが知られています。酪酸はでん粉の分解によって多く産生されるため、カーフスターターの給与が早期離乳をさせるために必要になります。

【哺乳プログラム】

酪農現場では、子牛は母子分離され、人工哺育によって飼養されるため、カーフスターターを利用して6～8週齢程度で離乳

させる早期離乳法が基本です。従来から行われてきている早期離乳は、生乳あるいは代用乳の給与期間を短くする代わりに人工乳を中心とする固形飼料の摂取に早期に切り替えて、ルーメン機能を早期発達させることを目的としています。

この方法では固形飼料の摂取を促すために、哺乳期間中の哺乳量は1日当たり出生時体重の10％程度（4ℓ／日程度）に制限されます。一方で、哺乳期における体格の発育改善や健全性、アニマルウェルフェアの観点などから、最近では、高栄養で哺乳（8ℓ／日程度）する方法も取り入れられるようになってきました。

成長には成長ホルモン、インスリン様成長因子－1（IGF－1）などのホルモンによる調節が関与しています。これらのホルモンは餌から吸収した栄養素を優先的に筋肉や骨に送る働きをすることで、成長を促進します。哺乳期の成長ホルモンは他の月齢と比べ活発に分泌されており、この時期に高栄養な管理を行うことは、子牛を太らせず骨格形成を強化するのに有効です。

現在は、従来のように哺乳量を制限してルーメンの早期発達を重視するよりも、将来の乳生産を視野に入れた長期的な観点から、体の発育を促すこと（体のフレームづくり）を重視した高栄養の哺乳プログラムにシフトしつつあります。

一方で、ミルクを多く給与すると、哺乳期間中の固形飼料の摂取量は減少する傾向にあり、従来法（4ℓ／日）よりも、離乳に向けたルーメンの馴致（じゅんち）に留意する必要が出てきます。哺乳中の固形飼料の給与は、1週齢ほどでカーフスターターおよび細切り乾草の慣らし食いから開始し、摂食状況に応じて徐々に量を増加させます。このとき、自由飲水できるように飲水バケツなどを設置しておくことが大切です。

■衛生管理の徹底がより重要に

哺乳期間中の子牛は個別飼養が基本ですが、ペア飼養や群管理で哺乳ロボットを導入するといった選択肢も増えています。哺乳ロボットは、日齢に応じた哺乳量の調整や哺乳回数の増減を労力かけずに行うことができるため、高栄養哺乳プログラムも行いやすくなります。またペアや群飼養は、育成期以降の群飼養への適応や固形飼料の摂取量増加など社会性や栄養面での効果が報告されています。

とはいえ群飼養は他の子牛と接触することで、個別飼養と比較して感染症のリスクが高まり、発育に逆効果をもたらしたり、発育の個体差が生じやすくなったりすることが懸念されます（**写真1**）。

写真1　発育の個体差が生じた牛群

従って、換気や敷料交換、清掃、畜舎消毒といった衛生管理および個体の健康チェックはより重要になります。今後、大規模化や哺育預託施設の増加によって、哺乳子牛の群管理は増加していくと考えられます。哺乳期の管理は感染症の予防が何より優先ですから、衛生管理の徹底と導入子牛の初乳管理チェックがますます重要になると思われます。

■離乳期は豊富な水の給与と 採食を妨げない飼槽スペースを

離乳移行期から離乳後の子牛は、液状飼料の給与を休止され、固形飼料のみから生存や成長に必要な栄養素を摂取していくことになります。哺乳の停止によって、固形飼料の摂取量は日齢とともに急速に増加していきます。液状飼料からの水の摂取がなくなるため、またルーメンでの固形飼料の発

酵には多量の水を必要とするため、十分に飲水できる環境をつくらなければなりません。

固形飼料を1kg摂取するのに約4～5ℓの水を必要とします。飲水不足が固形飼料の食い込みを制限しないよう注意すべきです。またグループで飼養する際には、スターターや配合飼料の摂取スピードに個体差が大きいため、十分なバンク（飼槽）スペースを取り、できればスタンチョンや仕切り柵を設置し（**写真2**）、飼料の競合に負ける子牛がいなくなるように管理する必要があります。

写真2 食い負けする子牛が出ないよう十分な飼槽スペースを取った例

また、離乳移行期は、哺乳期に引き続き下痢などが発生しやすいので、子牛の施設は糞便状況や活力を観察しやすいエリアに設置されていることが望ましいといえます。離乳後の子牛はルーメンの発酵タンクから熱を発生するようになるので、哺乳期の子牛よりは寒さに強くなりますが、ルーメンは発達過程にあり、引き続き寒冷対策が必要です。十分な換気はもちろんですが、直接牛体に隙間風が当たらないように配慮する必要があります。

離乳後の子牛は、離乳によるストレスや感染症が起こりやすいため、移動による環境変化は少ない方が良い。哺乳子牛と環境的に同じか、それに近い環境下で飼養しましょう。

■離乳のタイミングは　スターターの摂取量目安に

従来の哺乳方法でも、高栄養哺乳を行っていても、固形飼料を自由摂取できる状況をつくっておけば、子牛は2～3週齢ぐらいからスターターを摂取し始め、4週齢時に摂取量は200g／日程度となり、その後急速に増加します。しかしスターターの摂取量増加は、哺乳量の減少または哺乳停止による空腹感によって引き起こされるため、哺乳プログラムの違いに影響を受けます。

離乳のタイミングはスターターの摂取量が目安となっており、従来の4ℓ哺乳法では、1日の人工乳摂取量1,000gが3日間続けば離乳とされ、おおむね6～7週齢で達成されます。一方、高栄養で哺乳を行うと、哺乳期間中のスターター摂取量の伸びが鈍くなるため、5～6週齢ぐらいから2週間ほど段階的に哺乳量を制限し、離乳時期は8週齢程度になります。

また、この離乳時の人工乳摂取量も従来法と同じだと高栄養哺乳とエネルギー供給量の落差が生じてしまうため、1,500g／日程度とされています。哺乳期間中にしっかりとカーフスターターを摂取できておらず、ルーメンの消化吸収機能がまだ不十分であるのに離乳をさせてしまうと、摂取したカーフスターターがルーメンで十分に発酵されず、未消化のでん粉が後腸に移行して消化性の下痢（大腸アシドーシス）を起こすことが危惧されます。

いずれの哺乳プログラムにおいても、哺乳をストップする前にしっかりとスターターを摂取させ、反すうや糞の性状に問題がないことを確認してから離乳を行わなければ、離乳直後に一時的なエネルギー摂取量の減少と発育停滞を招いてしまいます。

6～8週齢程度で離乳される子牛は、離乳後に摂取する栄養素の大部分を、濃厚飼料であるカーフスターターに頼らざるを得ません。この時期の粗飼料摂取は微量であり、ルーメンにおける繊維の発酵機能も十分でないため、発育に十分な栄養素を粗飼料で賄うことは現実的ではありません。とはいえ前述のように、粗飼料は反すう刺激を促すことでルーメンの恒常性維持に寄与するため、哺乳期から給与されるべきです。

■育成期は牛群間の移動しやすさや授精など処置の利便性を重視

　育成期はグループ飼養が基本になります。育成牛になると、疾病に対する抵抗力が付き、飼料の消化機能も成牛レベルに発達しています。離乳後の子牛は粗飼料をおなかいっぱい食べてもルーメンの容積や消化の機能が不十分で、発育能力を最大限に高めることができませんが、育成期に入ると、ルーメンは容積的にも消化機能的にも十分で、粗飼料が多めの給与で不足のない発育が実現できます。

　またルーメン発酵による熱発生により、寒さに対する配慮も成牛と同様で問題ありません。このように、一般的に育成牛は管理上の大きなトラブルがないため、他の牛群グループと比べて緻密な管理はなされません。しかし飼料の競合などによって、弱い個体や小さな個体は発育が遅延する可能性があるので注意が必要です。群全体としても、月齢に応じて適正に発育しているかを把握することが難しくなります。そこで胸囲計を用いて体重測定を行います。日齢ごとにデータを整理しホルスタイン種の標準発育曲線と比較することで、その農場の牛群がどの発育ステージで発育遅延が生じているかを把握でき、群編成や給与飼料の見直しに活用できるようになります。これを年に2回程度行い、継続的にモニタリングすることが重要です。基本的にはトラブルの少ない時期なので、育成牛の施設は牛群の移動、授精など必要な処置の行いやすさ（**写真3**）、清掃の利便性など管理の省力化を重視すると良いでしょう。　　【福森】

写真3　連動スタンチョンを設置すると授精などの処置の際、牛を保定しやすくなる

第2節・行動編のポイント
①哺育から育成期にかけて乳用牛は大きく変化する。各段階の行動的特徴を理解することが、牛舎の設計や適切な飼養管理に役立つ
②採食行動は栄養素の摂取以外にも、「食べる楽しみ」といえる行動発現自体に意味がある。正常な行動を発現させることが子牛の健全な成長を支える
③人との関係をどのように構築するかは出生以降の管理者の対応で決定される。人が近づくと子牛がビクビクしているような場合、管理者も牛も不幸な毎日を送ることになる

■子牛の行動的特徴を理解する意義

　哺育から育成にかけて、乳牛の体格は大きく変化します。本当のところをいえば、胎子として子牛が母牛の体内にいる時期から、子牛への飼養管理は始まっています。母牛を通じた適切な栄養管理は胎子の成長を促進させ、健常な子牛として生まれる可能性を高めます。また、母体の栄養的適切さを保つことや、分娩房の面積や床の状況に配慮することで分娩事故を防ぐことができます。

　しかし、そうした妊娠牛への飼養管理上の配慮は経産牛における配慮と共通する部分も多く、子牛の飼養管理は、出生後から話を進めることが多いようです。子牛の順調な成長は春機発動ならびに初回分娩時期を早め、母体の安全も確保できます。併せて、子牛から成牛に至る体格変化は、牛特有の横臥（おうが）・起立動作に配慮した休息エリアの確保とともに、成長を支える飼料の種類や給与法に適した飼槽計画、さらに社会性に配慮した牛群構成など、劇的な施設的変化を伴います。

　例えば、子牛の採食行動は栄養摂取（飢えや渇きからの解放）のためだけではなく、正常な採食動作として、十分な時間が与えられなければ、子牛は心理的ストレスを強く感じることも念頭に置くべきです。正常な行動発現は、アニマルウェルフェアを向上させ、子牛の成長に寄与します。

また乳牛の休息エリアは、子牛の休息動作および習性と深く関係しています。子牛に限らず、一般的に動物（人間も含む）にはパーソナルディスタンス（個体距離）があり、子牛社会の安定を図り、子牛が安寧な状態で休息するためには、互いに適切な距離を保つことができる面積が必要です（**写真4**）。このように、子牛から成牛に至る牛たちの行動的特徴を理解することが、適切な牛舎の設計や飼養管理に結び付きます。

写真4　互いに一定の間隔を保つ休息時の牛。休息時のこうした習性は牛舎内の設備面積を増加させ、休息位置を不確定にしてしまう。そこでフリーストール牛舎では適切な大きさや位置にストール隔柵などの構造物を設置することで、心理的ストレスなしに、牛の休息位置や姿勢をコントロールしている

■子牛が寒さを感じているか姿勢で判断する

子牛は母牛の体液を身にまとって生まれてきます。外気にさらされ、肺による呼吸が開始されます。子牛の身の回りの劇的な環境の変化は、母牛の生得的な対応（もともと脳にプログラミングされた行動で、出生後の学習によるものではない行動）で乗り切る仕掛けとなっています。

分娩直後の母牛は、同居する子牛をなめるという行動（リッキング）を、何かに取りつかれたように行います。母牛によるリッキングは子牛にとって、寒さへの対応のための被毛乾燥、血流を促進させるための全身マッサージ、呼吸促進のための口付近の体液除去および子牛の排便促進といった機能があるといわれています。

母牛はこうした行動を通じて、自ら産んだ子牛との絆を形成して、母牛群と子牛群が同居する場合でも、他の子牛と自ら産んだ子牛を区別しています。ただ通常の乳牛管理では、こうした子牛群と母牛群の同居はあり得ません。

また、分娩した場所の環境が劣悪である場合、分娩直後に母子を分離して飼養することがあります（子牛への確実で十分な初乳の提供を目的に分離飼養されることもある）。しかし、こうした場合には前節でも触れているように、母牛が行うのと同じ子牛への対処を、管理者が行うことを忘れてはいけません。一例として、肺から羊水を排出し、呼吸を促進させる子牛の人工呼吸器キットが市販され、効果を発揮しています。

出生直後に子牛が保持している褐色脂肪は熱産生効果が高く、子牛の体温保持に役立っています。ただ子牛の適温域は母牛に比べ高いので、寒冷で風が当たるような状況にあれば、体表面からの水分の蒸発（潜熱）により冷却が促進されてしまいます。寒冷環境で飼養する際、子牛の保温が必要な場合もあります。被毛の乾燥は冷却防止に役立つので、子牛を早期に別の収容施設（カーフハッチ）へ移動するときは、子牛の被毛の乾燥のため、分娩スペースにある乾いた敷料などで管理者が十分にマッサージします。

もちろん、子牛収容施設の改善も必要です。風は寒冷を増強しますから、子牛が風を避けることができるスペースが必要です。特に隙間風は、狭い所を通ることで速度が増すため、寒さのダメージを強くします。そこで、スペース全体の換気量は確保しつつ、牛体に隙間風が直接当たらないよう工夫します。

こうした寒さへの対応では、施設の一部分を保温して、子牛が必要に応じ休息する場所を選択できるようにしておく、という方法が取られることがあります。しかし過度な保温が、排せつ物から発生するアンモニアなどで空気環境を悪化させることもあります。母牛が収容されている施設は母牛から排出される熱で温められていますが、母牛の収容施設での子牛の同居はきれいな

空気の確保といった観点からは十分注意すべきです。結局のところ、子牛たちは少々の寒さより、きれいな空気を求めています。

人間と牛で決定的に違うのは、牛の方が格段に寒さに強いことです。子牛が暮らす環境で、子牛が寒いかどうかの判断は、私たちの感覚によるのではなく、子牛に聞くのが一番です。子牛は寒いと感じると、体表面積を小さくするように体を丸めた姿勢を取ります。毛を立てて断熱性を増し、末梢（まっしょう）血管への血流を抑制して放熱を少なくします。さらに、「震え」を見せ、保温のための熱をつくり出します。筋肉収縮に利用したエネルギーの75％は発熱に用いられ、体温保持に利用されます。

■吸乳欲求の代替として人工乳を選択させる

当然のことながら、子牛は自らの体を維持したり、成長したりするための栄養素を自分でつくり出せません。必要な栄養素を外部から摂取するのが採食行動です。採食行動が栄養摂取だけが目的であれば、昔ＳＦ映画などで見た、宇宙食のような錠剤やチューブ状の形態での栄養補給でも十分なはずです。しかし、採食行動には、「食べる楽しみ」ともいえる行動発現自体に意味があります。こうした感覚は、私たち人間や牛を含む、全ての動物に共通のものです。

例えば幼齢子牛は、液状飼料を摂取する極めて高い欲求（モチベーション）を持っています。母牛と子牛を同居させ自然哺乳をさせると、1日数回に分けて合計1時間程度の吸乳行動を行い、吸乳回数は6,000回程度に達するともいわれています。乳首付きバケツを用いた人工哺乳で、2週齢で1,000回／日、離乳直前の6週齢で500回／日の吸乳回数であることを考えれば、自然哺乳の状況を再現することは不可能です。

子牛にとっては、栄養的には補給が十分であっても、行動的には強い吸乳のモチベーションが満たされず、代替行動を取り

ます。この行動は、子牛の心が葛藤しているときに発生し転嫁行動と呼ばれます。群飼養では他個体の臍帯（さいたい）や尾をなめたり、かじったりすることがあります。単飼養でも近接して飼われていれば、相互になめ合うような行動を見せることがあります。こうした行動は他の子牛を傷付けたり、疾病の伝播（でんぱ）の原因になったりするので、できるだけ避けたいところです。

しかし人工哺乳の子牛は十分配慮しても、自然哺乳を再現することは不可能なので、転嫁行動の発現を避けることはできません（**写真5**）。そこで、転嫁先として有害ではなく、飼養管理上有益なものを子牛に選ばせるという発想の転換が必要です（後述）。

写真5 転嫁行動を見せる子牛の例。吸乳行動を十分発現できないことが理由で、子牛はチェーンや柵をよくなめる。互いになめ合うのでなければ、子牛の健康に影響するわけではないが、転嫁先を人工乳にできれば、人工乳の採食開始時期を早めたり、採食量を増加させたりできる

人工哺乳をする際に、乳頭からの吸乳行動を行わせない「がぶ飲み」では、食道溝反射が起こらず、代用乳は最初に第一胃に流入してしまいます。また、吸乳欲求への不足がより顕著となり、他個体との相互吸引や柵などを長期間なめたりする葛藤・異常行動を強く誘発してしまうので、避けるべきです。

液状飼料を栄養源とし、第一胃が未発達である子牛は徐々に固形飼料を栄養源とし、微生物との共生により栄養補給を行う反すう動物へと変化します。哺乳期の子牛は将来、粗飼料利用性の高い成牛へと成長

させるとしても、発酵性の高い飼料（人工乳）の採食が必要です。固形飼料の採食は、最初はわずかです。初期の採食量の多さではなく、人工乳の採食開始時期を早めることはその後の成長に大きく影響します。食べていないようでも、出生直後から、いつでも採食できるように給与すべきです。

哺育子牛に対する作業の合間に、給与直後の人工乳や乾草に対する子牛の食い付きを確認することが大切です（**写真6**）。人工乳の採食が遅い子牛には哺乳時に一つかみの人工乳を口腔（こうくう）内に強制的に給与することが効果的です。また、子牛の吸乳速度は0.9〜2.1ℓ／分で、個体ごとの差が大きく、子牛の体調による変動があるとされています。乳首付きバケツでの哺乳であれば、各牛の吸乳リズムを音で判断することもできるので、作業中にほんの少しでも耳を澄ませてみましょう。

写真6　給与直後の人工乳への食い付きを確認する。子牛の吸乳するリズムに耳を澄ましてみよう

人工乳の採食低下を恐れ、乾草を給与しないと、粗剛で低栄養な敷料を摂取してしまうことがあります。これも粗飼料採食のモチベーションによるものです。ですから、わずかな量であっても、良質な乾草を細切りして給与しましょう。通常の飼養条件で、反すうは生後2週程度でも開始され、1カ月齢では既に1日当たり300〜500分程度の反すう活動が行われているとの報告もあります。

前述した吸乳動作の代替行動の対象として、柵、チェーンなど構造物や他の個体ではなく、人工乳を選択させれば、子牛の成長にとって有効な、採食行動の促進が図られることになります。つまり日常的管理作業として、哺乳器近くにバケツが設置され、そこに人工乳がわずかであっても常に給与されていることが、子牛の人工乳採食開始の時期を早め、採食行動を促進させるためのポイントになります。

■群飼養時の社会的学習による採食面のメリット

生後間もない子牛は疾病に対する抵抗性が弱いため、他の個体と直接接触する群飼養では、病気の伝播が大きな問題となります。最近は単飼養に適した自動哺乳機も導入されていますが、基本的に哺育子牛に自動哺乳機を利用するためには群飼養します。一方、乳用子牛は新鮮な空気の下で個別飼養することが一般的で、カーフハッチでの適切な単飼養（**写真7**）により、子牛間の接触が防止され、子牛相互の吸い合いを防ぐことができます。もちろん単飼養であっても管理者を介し、また隣同士接触できるペンであれば疾病の伝播は避けられません。

写真7　個別飼養に利用されるカーフハッチ。子牛の損耗防止のために、使用前後の消毒を徹底し、飼養場所は移動する。さらに相互の接触ができないよう一定の間隔を空ける

自動哺乳機を利用するとしても、少なくとも出生後の一定期間は単飼養することが多いようです。これは、個体ごとの子牛の状況（採食、便、一般的兆候）を容易に観察でき、対応を迅速に行うためです。単飼養の場合でも、チェーンなどで子牛を拘束することは、子牛が過ごしやすい場所を自ら選ぶことの妨げとなるので、避けるべきです。

群飼養下では、人工乳の採食時期が早まったり、人工乳の採食量が多くなったりします。これらは社会的学習（他の牛が飼槽を利用しているのを見て、自分が利用す

る方法を学習する方法)や、社会的促進(他の牛が採食していると、おなかがすいていなくても食べたくなる習性)が関与しています。さらに、自動哺乳機の利用を待機している子牛が空くのを待ち切れず、人工乳採食に移行するといった行動推移(哺乳を諦めて濃厚飼料で食欲を満たす)にも関係しています。

　子牛を群飼養する場合、1頭当たりのスペースだけでなく、1群当たりの群飼養頭数(群サイズ)もストレスや呼吸器病の発生に影響する可能性が指摘されています。哺育子牛を群飼養することにより、子牛の運動量は増加し、より健康に育ちます。これは1頭当たりの面積が同じでも、単飼養の子牛に比べて、群飼養の子牛が利用できる面積は群飼養されている子牛の頭数倍に増加するためです。

　また、代用乳摂取は自動哺乳機で、人工乳採食は飼槽で、飲水は水槽で行われ、横臥(おうが)休息は壁側で行われることが多く見られます。このように施設を使い分けることで、収容施設内での移動距離が長くなります。

　社会的関係を構築するための練習が、群飼養の子牛では頻繁に行われています。こうした行為は時として、はっきりした意味を持たない「じゃれ合い」のように観察されることがあります。これは社会的遊戯行動(遊びの行動)とも呼ばれています(**写真8**)。よく遊ぶ(遊戯行動が多い)個体は健康であることが知られています。

写真8　社会性を培うための子牛間での「遊びの行動」。どちらが強いとか弱いとかに関係なく、じゃれ合い、敵対行動のような行動を取る。動作は少々オーバーで、垂直ジャンプが見られることもある

　このように子牛の群飼養には数多くのメリットを伴います。しかし前述のように、下痢を伴う疾病拡大や、子牛同士の激しいなめ合いによる傷害とそれに伴う感染症の発現などのデメリットも数多く挙げられます。子牛成長のどの段階で群飼養とするかが、子牛飼養管理のカギとなるのはそのためです。

　さらに体格が急激に変化する育成期の牛群構成は工夫が必要です。哺乳期に単飼養されていた子牛の場合、最初の群飼養は、群での暮らし方に慣れるため小さな群が適し、段階を経て牛群規模を大きくすべきといわれています。育成牛の頭数がいつも均等になっているのであれば、施設の配置(全体面積や飼槽の数、牛床の数)は無駄なく用意できます。しかし現実はそうはならないので、牛群の区切りをフレキシブルに変更できるような工夫が必要です。とはいえ、体格の差が大きな育成牛の同居は好ましいとはいえません。哺育期に続く、育成期の飼養管理は、牛の社会性を十分考慮して構築すべきです。

　併せて、同居牛や管理者への危害を防止できることから、乳用牛では除角を実施するのが一般的です。除角は焼きゴテ法で2カ月齢以内に行われることが、ストレスを最小限にする方法として推奨されています。子牛の成長に伴う、角の高さや角根部の太さの変化からも、この時期までの実施が支持されています。

　単飼養の子牛でも、およそ2カ月齢での離乳後、しばらくすると群飼養されます。群飼養時には優劣関係を決定するため、頭突きや角突きを行います。優劣関係は角の存在が影響することが知られており、優劣関係の構築の途中での除角は、こうした社会的関係の構築に影響を及ぼすことがあります。このことからも、除角は単飼養期間とされる2カ月齢までに実施することが望ましいとされています。また、牛の角が洞角である構造上、成長後の除角は感染症の面からも避けるべきです。除角によるストレスは、実施方法が適切であれば、ごく一

過性であることが知られています。

■出生後3日間の人との接触が子牛の人への恐怖を減らす

　乳用牛の性格に個体ごとの違いがあることは、経験的には分かっているものの、それを一般化できる研究成果は必ずしも多くありません。乳牛の性格は生まれつきの性質（気質）を基礎とし、経験や学習によって習得され形づくられていきます。子牛のころの経験はとても重要なようで、生後すぐの時期には、強い好奇心・接近性が示されることや生後すぐの対応がその後の人との関係に影響することは、多くの研究で共通しています。

　例えば、出生直後3日間の子牛の人との接触経験が子牛の人への恐怖を減らすことや、人工哺乳で生後すぐに行うロープ誘導訓練は人への親和度を高める効果のあることが報告されています。生後3日間以降でも、定期的なブラッシングや声掛けが人に対する忌避反応を減少させることや、日常的な飼養管理、特に子牛が収容されている施設の中での管理者の作業時間が成長した後の人への反応と関係していることも知られています。

　このように牛が、私たち人との関係をどう構築するかは、出生後の管理者の対応により決定されます。酪農場では作業の自動化が進展していますが、乳牛の飼養管理において、生涯にわたり人が関わる作業（搾乳、治療、授精など）は依然として数多くあります。人が近づくと、子牛がビクビクしているようでは、作業者である人も牛も不幸な毎日を送ることになるでしょう。

　出生直後の対応や日常的飼養管理およびそれを行う施設は、牛と人の関係構築に強く関係しています。人との親和性を過度に高め、人に対する頭のすり付けや、激しい頭突き（模擬闘争行動）を発現する牛へと成長させてしまうことがあります。成長後の牛は、私たち管理者より大型であり、人に対してじゃれつく牛は作業上危険ですらあります。成牛のじゃれつきを防ぐため、適正な人との親和性を持つ牛に育てるべきです。

■育成牛は別の群の牛を認識できる環境で飼養する

　育成期は哺育期終了後から初産分娩までを指し、体重の変化や生理的変化が大きく、その期間は長い。これら変化に富んだ牛群を1群で飼養することはできないので、成長ステージに応じて群を分けて飼養します。哺育期間に単飼養であった場合は、育成期が本格的な群飼養を初めて経験する時期であり、群飼養を経験済みであっても、本格的な優劣関係の確立は育成期に見られます。併せて、社会行動は採食や休息など牛の生活全ての場面で影響を及ぼすので、管理者が用意する施設や設備が大切になります。

　一般に、哺育期間に単飼養された子牛は、離乳後にはスーパーカーフハッチと呼ばれる6頭程度の群で飼養されます。屋内飼養の場合は、6カ月齢程度まではこうした少頭数での群飼養が推奨されます。その後、15カ月齢ごろの初回受胎という目標に向け成長させていきます。この期間、育成牛の群飼養頭数は増加し、1頭当たりの飼養面積も増加して、初産分娩（24カ月齢）の頃には20頭程度の牛群で飼養されます。

　各段階で頭数がそろわなくとも、月齢の離れた牛を同居させることは社会行動的にも、施設・設備の利用の面からも避けなければなりません。牛群間での移動を考えれば、可動式のゲートで区切られた、牛同士が互いに認識できる環境での飼養が効果的でしょう。踏み込み式（いわゆるフリーバーン）の収容場所で育成牛を飼養する場合は、1頭当たりの飼養面積に留意します。過密状態や敷料不足になると、横臥時間を十分確保できなかったり、牛体の汚れにつながったりします。

　休息場所と採食場所を分けることで、牛体を清潔にして、敷料の使用量を軽減させ

ることができます。6カ月齢以降はフリーストール牛舎で飼養されることもあります。特に、将来フリーストール牛舎で飼養される育成牛は、この時期から牛床利用に慣らしておくと良いでしょう。育成牛のストール寸法(長さ、幅、ネックレールの位置や高さ)は、月齢区分ごとに設定されているため、これを参考にした適正な配置と牛群構成が求められます。

■劣位な個体が回避できる　スペースを確保する

　育成期の初期は、社会性の構築時期です。社会的関係は、生後6カ月程度で完成するといわれています。敵対行動に基づく社会性は群れの中の2頭間の優劣関係で形成されます。2頭間で接触のある敵対行動(物理的敵対行動)として、頭突きや押しのけなどがあります。こうした行動は、管理者にとってとても観察がしやすく、また勝ち負けの理解がしやすいため、高い頻度で認めることができます。

　ただし、敵対行動はこうした直接接触のあるものだけではなく、威嚇や服従という序列的表現や、通路優先や回避といった施設内の各所での動作でも示されます。これらは牛同士の接触がなく、非物理的敵対行動と呼ばれています。

　一般に牛群内では、物理的敵対行動から非物理的敵対行動へと移行し、群れは安定することが知られています。社会性も考慮して、優劣関係で劣位な個体が優位な個体を回避することができるスペースが収容施設には必要です。適切な飼養面積が確保できない場合、不十分な回避行動しか取れなくなり、非物理的敵対行動に移行できなくなります。袋小路のような、相手の進路を回避できない空間をつくることも避けるべきです。

　牛同士の優劣関係には、逆転や3すくみの状態が生じることもあり、牛群の敵対行動に基づく社会は複雑であるとされています。また、社会性は2頭間の関係の親密さ、いわゆる親和性(写真9)によっても形成されます。さらに、放牧地から牛舎への移動順序(写真10)やパーラへの進入順序のような関係は、こうした優劣関係や親和性とは別の社会性として定義されます。

写真9　身繕い行動の発展形として見られる社会的なめ行動

写真10　牛群が移動する際には先導・追従関係に個体ごとの特徴が認められる

■斜めパイプ型飼槽柵なら　体格差大きい育成牛の飼養も可能

　育成牛に粗飼料を自由採食させるケースが多くあります。育成期に放牧を活用すれば、省力化が図れるとともに、運動機能の発達も期待されます。もちろん粗飼料だけでは目標とする成長に到達できませんから、補助飼料としての配合飼料が給与可能な施設を準備します。

　畜舎内で育成牛に乾草を給与する場合に、ポスト・レール型飼槽柵を用いると、多くの乾草が引き出され、無駄になってしまいます。さらに、この引き出された乾草が敷料となり、飼槽近くが優位個体の休息場所となってしまいます。これでは劣位個体が飼槽に近づけないこともあります。斜めパイプ型の飼槽柵を用いれば、牛による乾草の引き出し量を減らし、同じ区画内で体格差の大きな育成牛同士を飼養することが可能です。

【森田】

牛舎づくりのための乳牛生理

第I章 泌乳牛・乾乳牛

及川 伸

本稿のポイント

① 移行期は飼槽密度にゆとりを持たせ、85％程度にして乾物摂取量を確保する
② 放し飼い牛舎の搾乳牛の飼養密度は、泌乳初期で3列ストールの場合、85％程度が望ましい
③ 乾乳後期ペンの牛の視界に入る場所に分娩ペンを配置することで、分娩時の移動のストレスを軽減できる

■乳牛におけるライフサイクル 〜非生産期と生産期〜

酪農は乳牛からの乳生産によって成り立つ産業です。生産という観点から乳牛には非生産期と生産期があります(図1)。哺育期の乳牛は、飼養環境からの種々の感染症罹患(りかん)リスクをコントロールされながら日々を過ごします(約2カ月)。その後の育成期は良好な増体と順調な性成熟をめどにしばしば集団飼育され、13〜16カ月で最初の人工授精が行われます。

ここまでの時期は、乳生産は全く行われておらず、「育成投資のための非生産期」といえます。その後、順調に成長しておよそ24カ月齢前後で初めての分娩を迎え、晴れて泌乳が始まり、乳生産が開始されます(初産)。分娩後80日ぐらいに人工授精によっ

て受胎し、分娩後300日前後まで搾乳が続けられ、分娩の準備として泌乳を停止して45〜60日程度の乾乳期に入ります。次いで、280日の妊娠期間を経て分娩し、また泌乳が開始されます(2産)。

このように経産牛にも乾乳期という「次の生産のための非生産期」があります。乾乳期は、その意義として❶乳腺を休ませ再生促進を図る❷ルーメン壁の回復と絨毛(じゅうもう)成長に備える❸急成長する胎子への栄養補給に備える❹乳房炎予防を図る—の4点が挙げられ、次の乳生産に備える非常に重要な時期といえます。

通常、乳牛は分娩、泌乳、乾乳を3、4サイクル繰り返し、おおむね5、6歳で酪農場における役目を終えます。経産牛において、生産期を得るために非生産期を持つことは生理上、不可欠なことです。乳牛が生

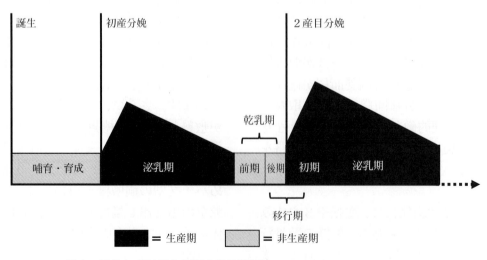

図1 乳牛における生産期と非生産期 (Sánchezら、2013一部改変)

涯生産期を効率良く維持していくためには、哺育・育成期間もさることながら、乾乳期の過ごし方が重要なポイントとなります。

■劇的な生理変動をする移行期

【エネルギーバランスのダイナミックな変化】

分娩の前後3週間(あるいは4週間)の乾乳期から泌乳初期は移行期(図1)と呼ばれ、劇的な生理変動を経験する時期です。図2に移行期のエネルギーバランスの変化を示しました。分娩前の1カ月間、胎子は著しく成長します。具体的には、胎子は妊娠後7カ月目から分娩までの間、60cmから100cmに、体重は10kgから40～50kgにまで増大します(表)。

また図3に示すように、分娩が近づくに

表　乾乳期における胎子の成長

	妊娠後の月数		
	7カ月	8カ月	9カ月
体　長	63cm	80 cm	100cm
体　重	15kg	25kg	40～50kg

(Sanchezら、2013)

つれて乾物摂取量(DMI)が低下してくることが示されています。特に、ボディーコンディションスコア(BCS)が4.0以上の牛では、DMIの低下率が大きいことが知られています。従って、生体のエネルギーバランスは次第に正から負へと変化していきます。そして分娩を迎えると、分娩のストレスや泌乳の開始に伴いより多くのエネルギーが要求されます。しかし牛のDMIはすぐには増加してこないため、負のエネル

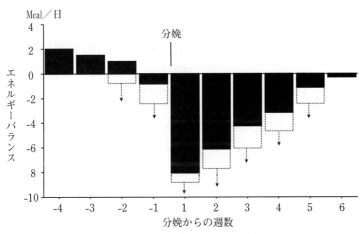

図2　分娩前後における乳牛のエネルギーバランス

黒の棒グラフは一般的なエネルギーバランスを示す。破線の棒グラフおよび矢印は不適切な飼養環境が作用した場合にエネルギー低下が助長されることを示す

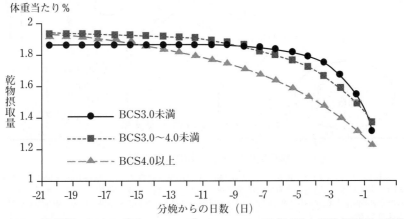

図3　乾乳期におけるボディーコンディションスコア(BCS)と乾物摂取量の関係

(Frenchら、2002)

ギーバランスの期間は約45日間継続するといわれています。

このような、生体におけるエネルギーのインプットとアウトプットに差が生じる時期が移行期であり、周産期疾病が特に分娩から10日までの間に最も高率に発生することがデンマークの研究者によって報告されています。最近、この移行期における不適切な飼養環境がDMIの低下を引き起こし、負のエネルギーバランスを一層助長する要因であることが分かっています（25ｿﾞ図2の破線の棒グラフ参照）。

このようなエネルギーレベルの急な低下は結果的に肝臓の脂肪化、そして引き続き潜在性あるいは臨床型の周産期疾病の発生に大きく関与すると考えられます。われわれの実験によると、成牛に4日間の制限給餌を行った場合、肝臓の中性脂肪含量は約3倍に増加し（脂肪肝）、さらにインスリン抵抗性（インスリンの作用が低下している病態）の状態に陥ることが明らかに示されています。

乾乳期にフリーストール牛舎やフリーバーンにおいて高密度で飼養された場合や蹄病で飼料摂取が十分に行われていないときには、この実験と同様の現象が起こっていると考えられます。また、非特異的な免疫系の機能低下も助長されるので、感染症にもかかりやすくなります（日和見感染）。

【移行期における脂質代謝】

移行期において前述したようなエネルギー変化が起こったときの生体の脂質代謝の概要を図4に示しました。糖質や糖原性アミノ酸なども十分にエネルギー産生に使われ、それらが減少してくると脂質を使ったエネルギー代謝が活発になってきます。移行期がまさにそのような時期です。

体脂肪に蓄えられた中性脂肪はホルモン感受性リパーゼによって分解され、非エステル型脂肪酸(NEFA)が生じます。それが肝臓に取り込まれて2つの経路をたどります。1つはβ酸化を経てアセチルCoA（コエンザイムA）となり、TCA（トリカルボン酸）回路に入り最終的にATP産生あるいは糖新生が活性化される経路です。もう1つは、脂肪酸が再エステル化されて中性脂肪

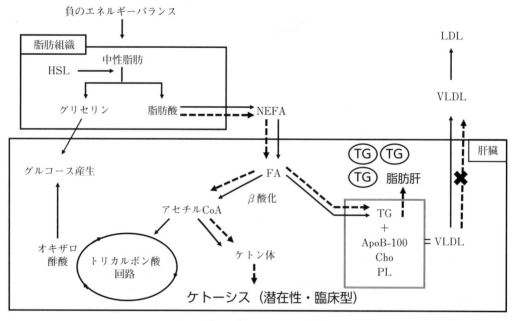

図4　移行期における乳牛の脂質代謝

HSL：ホルモン感受性リパーゼ、NEFA：非エステル型脂肪酸、ApoB-100：アポタンパク質B-100、Cho：コレステロール、PL：リン脂質、VLDL：超低比重リポタンパク質、LDL：低比重リポタンパク質。点線の動きは負のエネルギーバランスが増強されたときにTGの分解が促進され、血中に増加したNEFAが肝臓の処理能力を超えた結果として、脂肪肝やケトーシスを引き起こすことを示している

となり、アポタンパク質やその他の脂質成分とともに超低比重リポタンパク質(VLDL)となり肝外組織にエネルギー源として供給される経路です。

これら2つの経路のどちらが優位になるかは、肝臓に含まれる余剰の糖質レベルによるとされています。すなわち、十分な糖質が肝細胞に存在する場合は、TG(中性脂肪)からVLDL産生の経路が優位になりますが、負のエネルギーバランス時のように糖質が枯渇してきているような場合はβ酸化からアセチルCoAそしてTCA回路への経路が活性化され、ケトン体の産生が増加します。

また過度のNEFAが肝臓に流入すると、VLDLの産生が間に合わずにTGが肝臓に蓄積してきます。あるいは、多く産生されたアセチルCoAがTCA回路に潤沢に参入できずに、結果的に多量のケトン体が産生されます(ケトーシス)。

乾乳期において負のエネルギー状態の程度を評価するにはNEFAが非常に優れた指標となります。すなわち牛群での評価は、分娩2〜14日前の牛を対象とした調査で基準値(0.4mEq／ℓ)を超えている牛が10％以上の場合、その牛群はエネルギー低下警戒牛群と診断されます。

また分娩後では、ケトン体の一種であるβ-ヒドロキシ酪酸濃度が有効な指標であり、分娩3〜50日後で1.2 mM(M＝mol／ℓ)を超えている牛が10％以上の場合は、潜在性ケトーシス牛群と診断されます。

【肝臓の脂肪化とステロイドホルモン】

移行期に過度の低エネルギー状態に陥った場合(例えばBCSが0.75以上低下したような場合)、生体では次のようなことが起きています(図5)。前述のように、エネルギー低下で体脂肪(中性脂肪)が分解されてNEFAとなり、それが血流に乗って肝臓に流入してきます。NEFAは肝臓で、コレステロールやリン脂質と一緒になってVLDLに合成され、生体にエネルギーを与える目的で肝臓から分泌、代謝されて低比重リポタンパク質(LDL)となります。

しかしNEFAの流入量が過度な場合、肝臓の脂肪化が進展し結果として脂肪肝とな

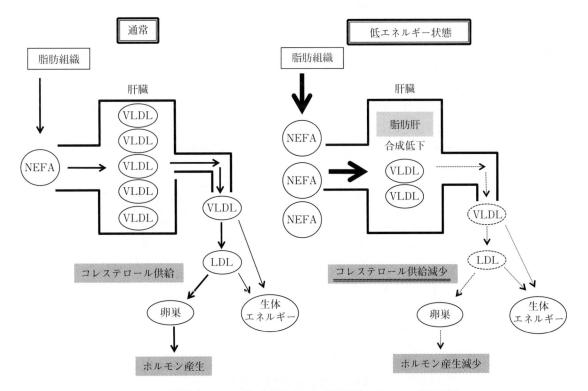

図5　過度なエネルギー低下における脂肪肝とホルモン産生減少

NEFA:非エステル型脂肪酸、VLDL：超低比重リポタンパク質、LDL:低比重リポタンパク質

ります。もちろんこのような状態では、肝臓でのVLDLの合成や分泌も低下するためLDLも減少します。LDLはコレステロールを多く含んだリポタンパク質であり、卵巣などの器官へステロイドホルモンの原料となるコレステロールを供給する役割を担っています。従って、脂肪肝になってリポタンパク質の分泌が減少すると卵巣からのホルモン合成量も低下し、結果として繁殖障害を誘導する結果となります。

牛が脂肪肝になると、いろいろな不都合が引き起こされることを述べましたが、基本的に牛は他の動物と比べて脂肪肝になりやすい生理学的な特徴を持っています。牛の肝臓は人やラットなどと同様に脂肪酸を取り込む能力はありますが、脂肪合成後に肝臓外に分泌する能力は明らかに劣っています。従って、重度の低エネルギーが引き起こされ、NEFAが肝臓に入ってくると容易に肝臓の脂肪化そして脂肪肝へと進展してしまいます。

■低エネルギー状態が周産期疾病の重要な引き金に

Goffは乳牛における栄養と疾病との関連性を図6のように示しています。われわれがしばしば遭遇する周産期疾病はそれぞれ何かしらの関係を持っており、臨床症状の表現形が多少違ってはいるものの、一連の周産期疾病症候群と考えられます。この図では、特にDMIの低下に起因する低エネルギー状態が、脂肪肝やケトーシスをはじめとする疾病の重要な引き金になっていることを示しています。

食い込みの良い牛、左膁（けん）部が十分に膨らんでいる牛はまず健康であるという簡易的な判断はあながち間違いではなく、むしろ最も大切な臨床所見の1つといえます。従って、周産期疾病のコントロールにはまずは最初にDMIの低下を起こさない畜舎環境と飼養管理が重要です。

■周産期疾病を抑えるための畜舎と施設の環境

これまで述べたように、DMIの低下を引き起こさない飼養環境が周産期疾病のコントロールには何よりも大切ですので、特に重要と考えられる畜舎や施設の環境について飼養管理も含めて、次の通り概要を述べます。なお内容によっては、本書の別頁も参照にしていただければと思います。

【飼槽スペース】

移行期におけるDMIと最も直接的に関係しているのは飼槽スペースです。つなぎ飼い形態では個々の牛にスペースが確保されているので問題があることは少ないのですが、フリーストールあるいはフリーバーンのような放し飼い形態では深刻な問題となることがあります。

図7に飼槽密度とDMIの関係を示しまし

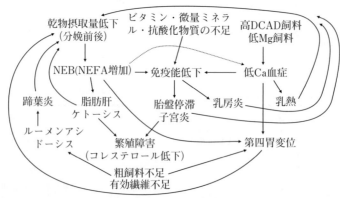

図6　栄養と疾病の相互関係
(Goff．J. Dairy Sci、2006、一部改変加筆)

NEFA：非エステル型脂肪酸、DCAD：飼料中の陽イオンと陰イオンの濃度差、Mg：マグネシウム、Ca：カルシウム。
破線は可能性が示唆されていることを示す

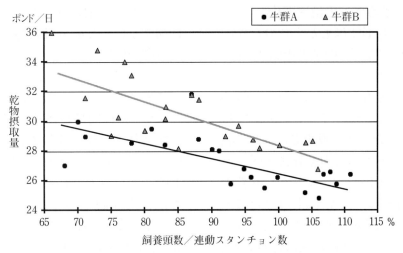

図7　乾乳後期ペンにおける飼槽密度と乾物摂量との関係
(Dr. Kenn Buelowの調査データ、1998)

た。横軸は飼養頭数を連動スタンチョンの数で割った比率を表しています。飼槽密度にゆとりがあるほど(図の左側方向)、DMIが高まることを示しています。このことから、飼槽に連動スタンチョンが使用されている場合、特に移行期は飼槽密度を100％ではなく、85％程度(牛の頭数÷スタンチョンの数×100)にすることの有効性が分かります。また、特に仕切りがなく横パイプ方式の場合は、飼槽スペースの長さを計測して、移行期では1頭当たり71～76cm(28～30㌅)程度を必要なスペースとして飼槽密度を算出することができます(牛の頭数÷(飼槽スペースの長さ÷71～76cm)×100)。

飼槽面の衛生状態が不良の場合も、飼料の嗜好(しこう)性の低下によりDMIの減少につながります。**写真1**にコンクリートが劣化し、結果的に衛生状態も低下している飼槽を示しました。サイレージはpHが低いので飼槽面は耐酸性の高強度のコンクリート仕上げとするか、あるいはレジンなどの耐酸性資材を塗装するなどの対応が必要です。

飼槽幅はフリーストール牛舎で100cm、つなぎ飼牛舎で80cm程度とされています。その他、飼料調製や餌押しの回数も飼料給与時における乾物摂取の重要な管理要因となります。

【飼養密度】

フリーストールやフリーバーン形態における過密飼養がその後の疾病発生に密接に関係していることは知られています。特に、乾乳後期における過密は確実にDMI低下を招き、疾病発生につながります。フリーストール牛舎では、乾乳期の飼養密度を85％程度に抑えることが肝要です。

ウィスコンシン州立大学の研究では、泌乳初期に同一のペンで経産牛と飼われていた初産牛において、飼養密度が80％から10㌽増加するごとに、泌乳量が1日当たり0.73kg低下したと報告されています。なお、泌乳初期では100％以下(2列ストール)あるいは85％程度(3列ストール)が望ましいとされています。従って、牛舎建設に際しては、計画される飼養頭数に見合ったゆとりのある畜舎構造を検討する必要があります。

写真1　コンクリートの表面が劣化して衛生レベルが低下している飼槽

【牛の移動におけるペンの位置関係】

フリーストール形態はもとよりつなぎ飼いでも、分娩前に牛を適切な環境で飼うために牛房移動を実施している農場は数多くありますが、その方法によっては、その移動が牛にとって、かえってストレスになることが示されています。写真2に、ある牧場のフリーストール形態の乾乳後期ペンと分娩ペンの位置関係を示しました。乾乳後期の環境から遠くなく、常に牛の視界に入る場所に分娩のためのスペースを設けることは、分娩時のストレスの軽減に有効です。

写真2　分娩ペン。両サイドの乾乳後期ペンの間に分娩スペースが設けられている。牛は常にこのスペースを見られる状況なので移動しても安心感がある

一方、全く別の畜舎に移動する場合は、環境に慣れるまでの時間を要するので、分娩前に十分そこで過ごせるような配慮を持って行うべきです。牛が新しい環境に慣れてDMIが元の程度に回復するまでには5日間程度は必要といわれています。

すなわち、実際の分娩から見て3～9日前に牛を移動することはDMIの低下を招くことから、その後の生産性の低下や疾病発生の増加（分娩後60日以内の死廃率が2.3倍高くなる）が報告されています。滞在するなら短い期間（2日以内）、あるいは反対にある程度長い期間（10日以上）が好ましく、中途半端な滞在期間が良くないことが示されています。

実際の分娩日の特定は難しいので、分娩予定日の2週間前をめどに牛を移動させてその場所で分娩させるか、または分娩房に移動するにしても分娩兆候を確認してからの移動が好ましいといえます。分娩施設はこのような観点から設置を検討する必要があります。

なお、移行期における牛房移動は回数が少なければ少ないほどストレスが少ないといわれていることから、分娩後に特に健康上問題が見られないのであれば、観察のために特別な観察房などを設ける必要はなく、むしろ他の搾乳牛と一緒の場所に飼養し、飼料給与時の採食状況を観察することで、分娩後の健康状況を判断した方が牛にとってはストレスが軽減されるでしょう。

【ストール環境】

フリーストール牛舎あるいはつなぎ飼い牛舎の牛でも1日の半分以上の時間を過ごすストールは牛の快適性を考える上で、非常に大切です。牛がストレスなくゆっくりと反すうして横たわっていられる環境が乳生産には何より重要です。フリーストールの場合、側方突き出しと前方突き出しの違いはありますが、いずれもヘッドスペースとボディースペースの十分な確保が必要です。牛自体も大型化していることからストール幅は少なくとも120～125cm、ボディースペースは180cm、ヘッドスペースは50～90cm、床からネックレールまでの高さとして125cm程度は必要となります。

つなぎ飼い牛舎で注意したいのが、ネックレール（馬栓棒）の設置場所です。しばしば、牛が飼料を摂取しにくいような位置に馬栓棒があり、頸部の皮膚にこぶ状の隆起を見ることがありますが（写真3）、そのような場合は、ニューヨークタイストールなどへの早期の改善が推奨されます。

近年の牛体サイズの大型化に伴い、旧式の牛舎では狭さが否めない例が多々あります。牛にとってストールが狭いときは、フリーストールでもつなぎ飼い牛舎でもしばしばその牛は対角線上に横たわります（写真4）。このような状態が継続した場合、乳房炎に罹患（りかん）しやすくなります。ま

写真3　ネックレールとの接触により発生した頸部のこぶ状の隆起（点線丸部分）

写真4　ボディースペースに対角線上に横たわっている牛。スペースが短いため斜めに横たわるので、牛体の汚れが促進される

たフリーストール牛舎では、ボディースペースが狭いときやネックレールが低い場合、起立している時間が多くなり、ストールに横たわる時間が短くなります（写真5）。この場合、ストールでの休息時間の減少から肢蹄への負担が増加して蹄病を引き起こす要因となります。

ちなみにウィスコンシン州立大学の調査によると、フリーストール牛舎では1日当たりのストール内での横臥（おうが）時間は平均11.3時間（範囲2.8〜17.6時間）、ストール内での起立時間は2.9時間（0.3〜13.0時間）と報告されています。

ストールの床の硬さ（ゴムマットの質）や敷料の種類によって快適性は変わり、飛節や蹄の疾病発生に影響を及ぼすこともよく知られたことです。つなぎ飼いでは、尿溝に適切に糞尿が落下するようにカウトレー

ナを設置することは衛生管理の上でとても大切です。なお、ストールの構造や牛床については「成牛の施設・タイストール牛舎（64〜68ジー）」と「同・放し飼い牛舎（69〜76ジー）」も参照してください。

【飲水設備】

飲水が十分でないときはDMIも低下するので、水も重要な飼料と考えるべきです。つなぎ飼い牛舎の場合は、ウオーターカップの位置はさることながら、牛がストレスなく飲水ができるように吐出量をチェックすることが大切です。1分間に5.4ℓ以上の吐出量が推奨されています。フリーストール形態では、15〜20床（2列の牛床として30〜40頭）ごとに飲水器を設置する必要があります。水深は10〜15cm程度として、水槽内は清潔に保つようにします。なお、冬季の凍結には十分に注意を要します。写真6の水槽は給水が不十分で水がたまって

写真5　フリーストール牛舎で起立している牛。ボディスペースが狭いのでストール内に入れないで起立している。このようにストール内に前肢、通路内に後肢を置いて起立している状態はパーチングと呼ばれる

写真6　給水が不十分な水槽

おらず、かつ清掃状況も良くありません。

【換気】

　畜舎における換気の目的は、内部にたまっているアンモニア、メタン、二酸化炭素などのガスや微生物、粉じん、湿気、不要な熱を外部に排出して、牛にとって新鮮な空気を供給することです(**写真7**)。乳牛は1日当たり尿や糞便から約20mℓ/体重kg、呼吸として肺から20～30mℓ/体重kgの水分が体外に排せつされます(不感蒸せつ)。糞尿の水分の排せつについては、通常の農場では朝夕の処理が行われますが、呼気に含まれる水分に関しては換気に専念しない限り、畜舎に蓄積してしまうことになります。例えば、650kgの牛の1日当たりの呼気からの水分はおおむね16ℓ(25mℓ×650=16,250mℓ)となります。100頭の牛群の場合、1日に1.6t(1,625ℓ)の水が呼気として畜舎内に排せつされます。

　このような状況だと、夏は微生物の増殖を促進し、冬であれば(地域にもよるが)結露の原因となるので、積極的な換気が重要となります。換気のシステムには自然換気と強制換気(陰圧、陽圧)がありますが、いずれにしても牛にとっての適正な環境が保てるように換気扇や送風機の台数、取り付け場所、角度などに配慮する必要があります。なお、快適性を評価する際に温湿度指数(THI)を指標として施設を設計することは有効です(126～134ページ参照)。牛にとってTHIが72未満だと快適ということであり、79を超えると明らかに不快であることを示しています。

　乳牛は分娩前後の移行期に大きな生理変動を経験します。従って特にこの時期は、カウコンフォートに十分に留意した畜舎の構造や施設の整備を検討することが生産性向上の重要なポイントとなります。何がなんでも新規に牛舎を建築したり設備を導入したりする必要はなく、まずは現状を分析した上で、最適策を1つ1つ考え、工夫していくことが大切です。

写真7　陰圧換気のつなぎ飼い牛舎。牛舎自体は60年以上経過しており、牛のサイズに比べて天井が低い。以前、牛舎内の湿度が問題だったが、陰圧換気を取り入れてからは極めて快適な環境となって、生産性も向上した(アメリカ・ウィスコンシン州)

【参考文献】

1) Cook, N.B., Bennett, T.B. & Nordlund, K.V. (2005) J. Dairy Sci. 88:3876-3885

2) Cook, N.B. & Nordlund, K.V. (2004) Vet. Clin. Food Anim. 20, 495-520

3) Cook, N.B. & Nordlund, K.V. (2007) Vet. J. doi: 10.1016/j.tvjl.2007.09.016

4) Goff, J.P. (2006) J. Dairy Sci. 89,1292-1301

5) Grummer, R.R. (2008) Vet. J. 176, 10-20

6) Grummer,R.R.,Mashek, D.G. & Hayirli, A. (2004) Vet. Clin. Food Anim. 20, 447-470

7) Herdt,T.H.(2000)Vet.Clin.FoodAnim.16,215-230

8) Ingvartsen,K.L.,Dewhurst,R.J.&Friggens,N.C. (2003) Livestock Produc. Sci. 83, 277-308

9) Oetzel,G.R.(2004):Vet.Clin. Food Anim. 20, 651-674

10)及川伸(2005)獣医内科学大動物編(川村清市・内藤善久・前出吉光監修),98-101,文永堂出版

11)及川伸監修(2011)「乳牛群の健康管理のための環境モニタリング」酪農学園大学エクステンションセンター臨時増刊号

12)及川伸編著(2017)「これからの乳牛群管理のためのハードヘルス学(成牛編)」緑書房

13)及川伸・三好志朗監修(2013)「牛は訴えている～カウコンフォートの重要性～」Dairy Japan臨時増刊号

14)Oikawa, S., Katoh, N., Kawawa, F. et al. (1997) Am. J. Vet. Res. 58, 121-125.

15)Oikawa, S. & Oetzel, G.R (2006) J. Dairy Sci. 89,2999-3005

16)Sanchez, M.F., Lopez,M.L. & Solis, M.H.(2014)The peripartum cow ～ Practical Note ～ , Servet, Spain

第Ⅱ章

牛舎構造・レイアウト

哺乳牛の施設……………………高橋 圭二／堂腰 顕　34

育成牛の施設………………………………高橋 圭二　44

乾乳牛・分娩牛・治療牛の施設………………菊地 実　56

成牛の施設・タイストール牛舎………………堂腰 顕　64

成牛の施設・放し飼い牛舎……………………堂腰 顕　69

搾乳ロボット牛舎………………堂腰 顕／森田 茂　77

糞尿処理施設…………………………………高橋 圭二　87

第Ⅱ章 牛舎構造・レイアウト
哺乳牛の施設

高橋 圭二／堂腰 顕

　酪農経営の後継牛である哺乳牛は、細心の注意を払って飼養管理する必要がありますが、近年は新生牛や哺乳牛の事故率が高くなっており、その低減が求められています。本稿では健康な哺乳牛を育てる上で、求められる施設の条件や構造について、個別飼い施設編と哺乳ロボット牛舎編の2節に分けて解説します。

第1節・個別飼い施設編のポイント
①哺乳牛の飼養環境には衛生的で乾燥した場所を選び、換気で新鮮な空気を供給し「ぬらさない」「隙間風を当てない」「強風にさらさない」「大きな牛から離す」に留意する
②敷料は、冬季は断熱性の高い麦稈、夏季はオガ粉を使う

■施設設計の基本的考え方と条件 ──個別飼い施設

【規模別の子牛頭数と対応施設】

　酪農経営規模によって、管理される哺乳・育成牛頭数は変わることから、**表1**に経営規模別の哺乳・育成牛頭数と主な飼育施設を示しました。100頭規模の場合0～2カ月齢の哺乳牛は8頭で、7.5日に1頭雌が生まれることになります（雄雌50％の確率の場合）。離乳後は群飼いに慣らすために週齢の近い子牛を4～6頭の小さな群として飼う必要があるため、哺乳牛施設は3カ月齢まで利用することがあります。飼養施設としては、個別飼いのカーフハッチや個別に仕切った哺育牛舎が用いられます。

【寒冷期・暑熱期の注意点】

　哺乳牛は病気に罹患（りかん）しやすいので、育成牛や成牛などから離します。換気が良好で新鮮な空気が供給され、排水性も良い衛生的かつ乾燥した場所で飼養します。堆肥舎などの糞尿処理施設の近くや、成牛舎の排気が流れてくるような場所は「新鮮な空気が供給される場所」とは言えません。また、隣合うハッチの子牛同士がなめ合いをして病気が伝播（でんぱ）しないような構造・配置が必要です。

　寒冷期には麦稈のような断熱性の高い敷料をたくさん用いて、子牛を冷えから守るようにしてください。雨や結露水などでぬらさないこと、そして隙間風や強風にさらさないことも重要です。

　寒冷時に屋内の施設で赤外線ヒータを使用する場合は、その設置方法に注意をしないと子牛のいる場所に冷気を呼び込んでしまうことになります。**図1**の①に示したよ

表1　飼養頭数規模と生育ステージ別育成牛頭数

牛群の大きさ：総頭数	50	75	100	250	400	主な飼育施設
育成牛の頭数	50	75	100	250	400	
0～2カ月	4	6	8	20	32	カーフハッチ、哺育牛舎
3～5カ月	6	9	12	30	48	移行期の群飼い施設、牛房式
6～8カ月	6	9	12	30	48	育成牛舎（牛房式、FS）
9～12カ月	8	14	18	45	72	育成牛舎（牛房式、FS）
13～15カ月	6	9	12	30	48	育成牛舎（牛房式、FS）
16～24カ月	19	29	38	95	152	育成牛舎（牛房式、FS）

（「MWPS-7」から一部追加、FS：フリーストール）

うな天井がある囲いの場合、囲いの中に設置すると、ヒータの熱でヒータ周辺に上昇気流が発生し囲いの中から暖かい空気が排気されます。これに伴い子牛のいる場所には周りの冷気が入って来ます。子牛は放射熱で暖まりますがそれ以上に冷気が流れ込むため、寒冷と風によるストレスは大きくなります。

②や③のように天井の下に入れず、ヒータの周辺だけで風が動くように配慮し、子牛のいる場所に冷気を呼び込まないようにする必要があります。

暑熱期には、暑さを避けるため敷料には砂やオガ粉を使い、日除けを掛け日射から子牛を守ります。送風機で風を当てることも体温を下げる上で必要になりますが、強風にさらし続けるのは避けます。また、脱水症状を起こさないよう常時飲水できるようにします。

■カーフハッチの構造・条件

カーフハッチは新生子牛の被毛が乾いたらすぐに収容する個別飼いの施設です。特徴として❶他の牛から分離できる❷良好な換気が確保できる❸雨や雪、風を防ぐことができる—が挙げられます。

【基本寸法と留意点】

カーフハッチは、風や雨・雪を防ぐハッチ部分と金網などで囲った屋外部分で構成され、子牛が天候に応じて最も快適な場所を選べる構造となっています（**写真1**）。

ハッチ部分のみで利用する例も多く見られますが、その場合、子牛が自由に快適な場所を選ぶ、新鮮な空気が供給される環境で飼養するという基本条件を満たすことができません。カーフハッチは簡単な構造のため、自作可能です。自作の物でも市販品でも、基本条件を満たす構造のハッチを利用しましょう。

基本寸法は36㌻**図2**の通りです。ハッチ部分は子牛が自由に移動できる大きさにします。幅120cm、高さ120cm、奥行き240cmで奥に向かって屋根に勾配を付けます。このサイズはアメリカの規格の合板を無駄なく利用することを考慮したものですが、日本の91cm×182cmの合板の場合、垂木を補

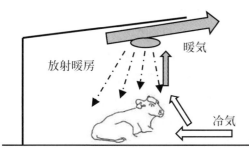

①囲いの中にヒータを入れた場合の空気の流れ

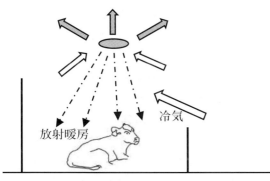

②屋根のない囲いで使用する場合の空気の流れ

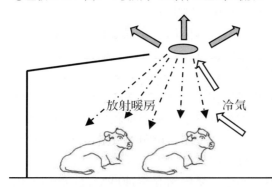

③囲いの外、上部に設置して使用する場合の空気の流れ

図1　ヒータの設置場所による空気の流れ

写真1　カーフハッチの利用例

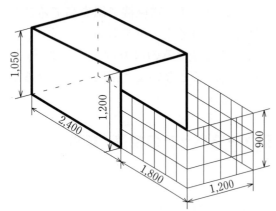

図2 カーフハッチの寸法（単位：mm）

写真3 強風地帯で利用する吹雪の吹き込み防止用バッフル板

強材として使ってつくります。床と出入り口以外は合板を組み合わせ、前方の運動スペースは金網などで囲います。授乳容器や飲水バケツはハッチ内に設置するか、金網に掛けたり、金網の前に置いたりして利用します。

暑さ対策としてハッチ後方に設置する暑熱時換気口は、強風時に子牛が横臥（おうが）したときに風を防ぐことができるように床から50〜70cmの高さにします。寒冷時には完全に閉鎖できるようにします。

冬季に北西風が強い地域では、出入り口面積の半分までを覆うとよいでしょう（**写真2**）。この場合でも出入りがしやすいように縦方向にふさぎ、覆いは温暖期には取り外せるような構造にします。積雪・強風地帯では雪の吹き込みを防ぐバッフル板を取り付けます（**写真3**）。

【設置場所】

屋外：カーフハッチは排水性と風通しが

写真2 寒冷時におけるカーフハッチ前面の閉鎖方法（半分だけふさぐ）

良く、日の当たる場所に間を空けて設置します。成牛舎の排気がかかる場所は避け、住宅からの距離など作業者の監視のしやすさにも留意します。

設置個所には砂利を敷いて少し高くするとともに、雨天時や雪解け時に水が流れ込まないよう簡単な排水溝を設けます。強風でハッチが飛ばされないように、杭（くい）などでしっかり固定します。

暑熱時にはアルミ蒸着シートなどの日除けを付けるとよいでしょう。寒冷時には周囲に防風ネットを設置して強風から保護しましょう。除雪がしやすいように設置間隔に注意します。

屋内：D型吹き抜けやパイプハウス内に設置すると、天候が悪いときでも哺乳作業が容易にできます（**図3**）。この中に敷料を置くと、気付いたときすぐに敷料交換を行えます。夏季は壁面を大きく開けて風通しを良くします。開閉式の日除けを付けて強い陽射しを避けます。

寒冷時には開口部を最小にし、風が吹き込まないようにします。日射による昇温効果は大きいので、日がよく差し込むようにする必要があります。また、施設の天井面から雨漏りや結露水が垂れて子牛がぬれないようにします。夜間の放射冷却を防ぐために日中以外はアルミ蒸着シートで上部を覆います。暴風雪発生地域では、強風が吹く側にネットを設置したり、暴風雪時のみ閉鎖できるように吹き抜けなどには開閉式

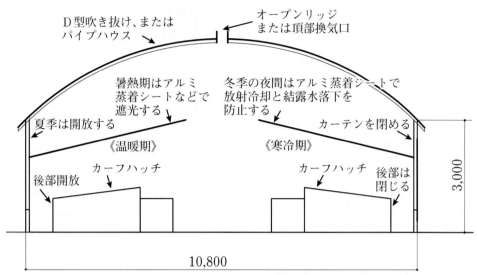

図3　D型吹き抜けに設置したカーフハッチ（左：温暖期、右：寒冷期）（単位：mm）

カーテンを設置したりします。

施設内に設置する場合でも、設置場所に尿がたまらないように床面には後方に向かって傾斜を付けて排尿溝に流れ込むようにし、掃除がしやすいようにします。

【管理方法】

新しいハッチはよく洗浄し裏返して、乾燥・殺菌のため日光に当てます。設置後は隙間風が入らないようにハッチ周囲を砂でふさぐとよいでしょう。

夏季は暑熱対策として敷料にオガ粉や砂を使います。寒冷時には断熱性の高い麦稈をたっぷり入れて保温効果を高めます。糞尿で汚れた敷料は除去し、新しい敷料を追加します。離乳して利用が終了したら、敷料を除去し内部を高圧洗浄機などでしっかり洗浄し、殺菌剤を掛け裏返して日に当てます。ハッチおよび設置場所は2週間程度の期間をおいてから再利用してください。こうしたローテーションを考慮した台数が必要になります。

■哺育牛舎の構造・条件

哺育牛舎は牛舎の中に屋根のない囲いだけの施設（個別ペン）を設置する施設です。経営規模が大きく、哺乳牛が多い場合に利用します。

【レイアウトと留意点】

個別ペンを2列配置した例を図4に示し

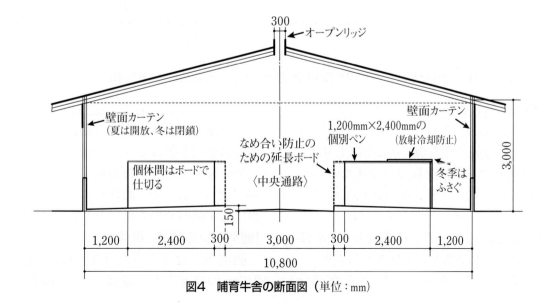

図4　哺育牛舎の断面図（単位：mm）

ます。授乳作業や観察、除糞のための中央通路の両側に、個別ペンを配置します。ペンと壁の間は掃除ができる幅を確保し、清潔に保つようにします。切り妻型屋根の牛舎が一般的ですが、パイプハウスでも利用できます（37ﾍﾟ**図4・図5、6**）。この場合には、日射と放射冷却の制御と結露対策が必要になります。

【牛舎の条件】

中央通路は除糞作業時にトラクタが通れる幅を確保します。牛舎幅が9m（5間）の時には240cm、9.9～10.8m（5.5～6間）の時は300cmとし、中央を高くします。中央通路の両側を10～15cm高くして個別ペンを設置するスペースをつくります。床には壁に向かって傾斜を付け、尿は壁側に流れるようにします。個別ペン1台当たり、ペン自体の120cm×240cmに加え、ペンの前

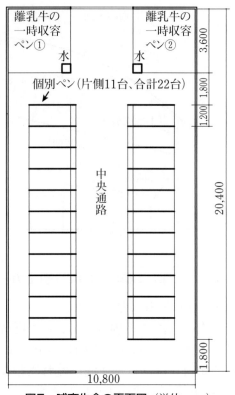

図5　哺育牛舎の平面図（単位：mm）

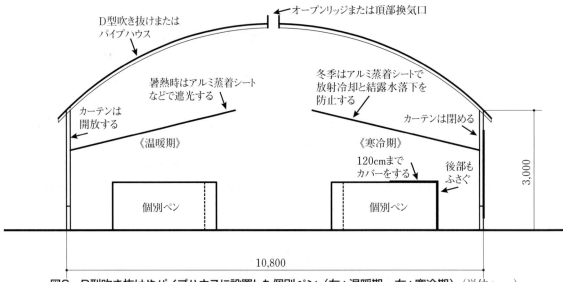

図6　D型吹き抜けやパイプハウスに設置した個別ペン（左：温暖期、右：寒冷期）（単位：mm）

に30cm幅（授乳容器や飲水バケツを置く）のスペースが必要になります。ペンと壁面の間は60～90cmで作業ができる幅とします。あまり狭くすると掃除作業ができなかったり、子牛が換気カーテンを引き込んだりします。

壁面は2段のカーテン構造とし、下部は巻き上げ式、上部は巻き下げ式とします。

鳥の糞から子牛を守るため、小屋裏部分に鳥が入って止まらないように、天井に相当する部分にスズメが通り抜けないような網目の金網を張るようにしてください。

平面配置では、牛舎の端にグループペンを用意しておくと、離乳後に移行牛舎・施設に移す前の子牛を収容できます。

【個別ペンの寸法・条件】

個別ペンは1頭当たり幅120cm、奥行き240cmの収容空間を確保します（**図7**）。ペ

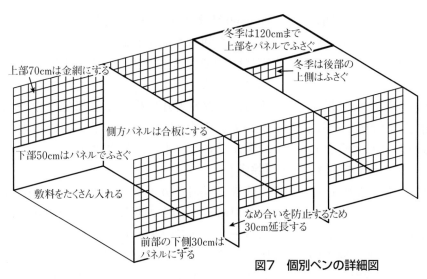

図7　個別ペンの詳細図

ンの間は合板などの固定壁とし、隣り合う子牛がなめ合わないように30cm前方に壁を出します。壁の高さも120cmとして壁の上を越えてなめ合わないようにします。前後は開閉ができる構造にして、前方は哺乳容器などを設置できる構造とし、下部は敷料が出ないように30cm以上の高さのパネルを付け、上部は換気のため金網にします。後部は下部50cmをパネルでふさぎ、横臥したときに風が当たらないようにして、上部70cmは換気のため金網とします。

床は下からの冷えを防ぐために断熱材を敷くといいでしょう。スノコは隙間風の原因になったり、糞尿で汚染されたままになりやすかったりするので利用を避けます。

屋根は不要ですが、冬季は上部を合板でふさぎ、隙間風が当たらないようにします。さらにペンの半分に当たる後方側120cmの上部を合板や断熱材、またはアルミ蒸着シートでふさいで放射冷却が起きないようにします。

【換気構造】

自然換気を基本に通年、暴風雪時以外は入排気口を閉鎖しないようにし、牛舎内と外気温との差が数℃以内になるように換気して、常に牛舎内の空気を新鮮な状態に保ちます。

暑熱期間には、壁面カーテンを全開して換気しますが、牛舎内外の温度差が小さくなり自然換気の効果が小さくなるので、強い風にさらされないように注意しながら、送風機で子牛周辺の空気を動かします。

寒冷期間には壁面下部のカーテンは全閉して、冷たい風が子牛に直接当たらないようにします。外気温の状況によって上部カーテンを開閉します。季節風が強い地帯では、軒下の開口部だけを開けて換気します。暴風・暴風雪地帯では開口部を完全にふさぐことができるようにしておくと、天候悪化時に閉鎖できます。

■子牛が健康で適切な環境であれば暖房は不要

新生子牛の適温域は13～25℃とされ、9℃以下になると代謝量を増やして熱を生み出し体温を維持しようとします（表2、3）。適温域が成牛より高いので寒冷時に子牛を温める必要があると考えがちですが、健康な子牛は、被毛が乾いていて十分な栄養を摂取でき、麦稈などの敷料を入れた、換気が良好かつ風を防げる場所であれば、－30℃であってもしのぐことはできま

表2　乳牛の適温域と生産環境限界温度

牛の区分	適温域 下限～上限（℃）	生産環境限界 下限～上限（℃）	下臨界温度 （℃）
ホルスタイン泌乳牛	0～20	－15～27	－32～－40
ジャージー泌乳牛	5～24	－10～29	
哺乳子牛	13～25	－10～32	9
育成牛	4～20	－10～32	－15～0
肥育牛	10～20	－10～30	－14

（野附、2002を一部改変）

表3　初生子牛の寒冷適応限界温度（℃）

子牛の状態	無風・乾燥	風あり（1.6m/秒）	皮膚ぬれ	風＋ぬれ
正常な子牛	－63	－52	－39	－34
産熱反応の弱い子牛	－14	－8	－8	＋1.5

す。特に新生子牛は、褐色脂肪細胞の働きで体温上昇が可能で寒冷環境に対応でき、寒さに慣れることができるとされています。

しかし多くの場合、寒冷時には換気量を下げ、赤外線ヒータを設置して暖房したり、カーフジャケットで保温したりしようとします。こうした牛舎では子牛は風邪を引き、せきをしていることが少なくありません。

気温が低いときにすべきことは、換気量を下げるのではなく、良好な断熱材である被毛をしっかり乾かし、30cm以上の厚さの麦稈敷料を入れ、十分な栄養(寒冷のための追加栄養摂取も含む)を取らせることです。こうして寒冷環境に慣らし寒さに強い元気な子牛に育てることが重要です。

十分な麦稈が確保できない場合はカーフジャケットを用いて保温性を補い、体調の良くない子牛については、赤外線ヒータやジャケットを利用する必要があります。

床暖房は、寒さ対策として有効に思えるかもしれませんが、床面の糞尿混合物からアンモニアが多く揮散して、子牛のいる空間の空気環境が悪化します。牛舎全体を暖房するのであれば、暖房用熱交換器で新鮮な空気を暖めてから送り込むようにした方が効果的と考えます。

また25℃以上の暑熱状態になると、蒸散量を増やして体温を下げようとするので、体の小さな子牛は脱水症状になってしまいます。夏季は十分な飲水ができるようにすることも必要です。

■その他の留意点

【カラス・鳥対策】

カーフハッチを屋外に設置した場合、鳥の飛来を防ぎづらくなります。周囲を防鳥ネットで囲い、上部にテグスを張ることで、カラスは防げるようです。ただネットやテグスが破損すると、カラスは容易に侵入してきます。

D型吹き抜けや哺育牛舎の場合にも、周囲を防鳥ネットで囲い、出入り口もマグネットを使った開閉装置を使うなどして確実に閉鎖できるようにします。小屋裏部分に鳥が止まったり、入り込んだりしないように、施設の天井に相当する部分にやや細かい網目の金網を張って、子牛のいる場所に糞が落ちないようにします。

【除糞】

除糞は哺乳牛から始めるようにし、それより月齢が上の牛の糞尿によって哺乳牛のスペースが汚染されないようにします。利用する敷料が多いので、糞尿は分娩房や乾乳牛舎などの物と一緒に堆肥処理をします。

【飲水】

哺乳牛であっても、暑熱期以外も飲水が自由にできるようにする必要があります。寒冷地では凍結防止タイプを利用します。

【哺乳装置】

カーフハッチや哺育牛舎の哺乳装置は、ボトル型の物が一般的です。パスチャライザ付きの移動式ミルク供給装置で、中央通路を移動しながら配餌するやり方もあります。最近ではカーフレールという自動哺乳装置を利用して、個別ペンで自動哺乳することが可能となってきました。

哺乳牛は体も小さく病気にかかりやすいことから、飼養管理には細心の注意が必要です。ただし、寒いだろうからと換気量を減らしたり、換気の悪い所で暖かくし過ぎたりすると呼吸器病に感染しやすくなります。子牛は寒さに慣らすことができると信じて、きれいな空気環境の中でたっぷりの麦稈敷料を入れ、十分な栄養を取らせ、健康に育ててください。

【高橋】

第2節・哺乳ロボット牛舎編のポイント

①哺乳ロボットを備えた集団哺育施設では個別施設よりも衛生管理をより徹底できるよう設計することが求められる
②施設全体の面積に余裕を持たせる。休息場所と採食場所を分けて、除糞時にはどちらかの場所に牛が移動できるようにする

■施設設計の基本的考え方と条件 ―哺乳ロボット牛舎

近年、大規模経営や公共育成牧場において自動哺乳装置(哺乳ロボット)を用いた集団哺育施設が増加しています。これにより、哺乳牛の管理を省力化することが可能になりますが、哺乳牛同士の接触は避けられないため、疾病のリスクは増加します。そのため、カーフハッチなどの個別施設よりも衛生管理をより徹底できるように設計することが求められます。

【休息スペースと衛生管理の留意点】

哺乳ロボット牛舎の1群の大きさは15頭程度とし、哺乳牛が少ない時期に消毒できるように面積に余裕を持って設計します。施設は休息場所と採食場所に分け、休息場所(敷料を入れる場所)の面積は1頭当たり3.0㎡以上にします。これに幅3,000mmの採食通路が加わります。哺乳牛を機械による除糞時に休息場所または採食場所の一方に移動させることができるよう飼槽通路のゲートは2重に配置します。また夏の換気を十分に行うため、スライドドアは全て開放できる構造にします。ゲートは夏の風通しが良くなるようにメッシュ構造にし、冬は合板を設置できるようにします(図8、9)。なお分娩頭数が集中し、1頭当たりの休息場所の面積が一時的に3.0㎡未満になった場合は、採食通路側に敷料を多く入

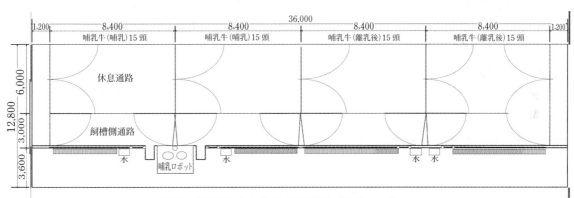

図8 搾乳ロボット牛舎の平面図（単位：mm）

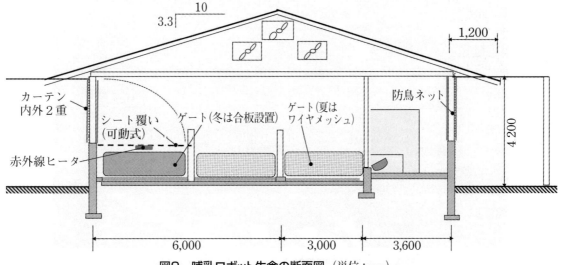

図9 哺乳ロボット牛舎の断面図（単位：mm）

れて、哺乳牛をできるだけ汚れないように管理します。

【飼槽の寸法・条件】

採食エリアには取り外して洗浄できる箱形飼槽を設置します。1頭当たりの長さを300mm以上にして、群の全ての哺乳牛が並んで採食できるようにします。箱形飼槽の高さは採食場所の床面から350mmとし、牛が外へ飛び出すのを防止するためのレールの高さは700mmとします。飼槽壁の幅は150mm以下にし、高さは採食場所の床面から350mmにします。給水器は高さ350mmとし、凍結防止機能付きで、洗浄しやすい機種を選択します（**図10**）。

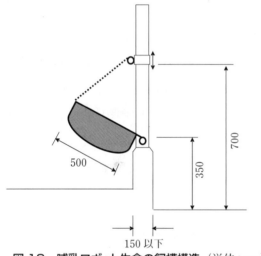

図10　哺乳ロボット牛舎の飼槽構造（単位：mm）

■預託牧場における個別施設と集団施設の設計

公共育成牧場においては、生まれたばかりの哺乳牛を集めて哺育する預託施設が増えています。預託施設では受け入れ時に感染症が広がらないよう、受け入れから一定期間は個別施設で哺育し、その後は集団で飼養する形式が一般的です。

このとき、カーフハッチなど個別施設で収容できる頭数が限られるため、個別で飼養する期間、哺乳牛の受け入れ頭数および疾病率の変動を考慮することが重要になります。目安としては、年間の分娩頭数には最大4割程度の変動幅があること、疾病牛は2週間程度、個別で飼養する期間が増えることを基本に計算します。

なお、受け入れ時から疾病に罹患している哺乳牛が多い地域では、疾病牛の個別施設の収容頭数が増加し、労力とコストの負担が大きくなるため、預ける牧場における予防策が不可欠になります。次の通り計算例を示します。

※年間平均400頭受け入れ、哺乳期間60日間のケース

①施設の全収容頭数：400頭×（60／

写真4　ドアの隙間風防止のためのカーテンの設置

365)×1.4＝約92頭
②カーフハッチの収容頭数：収容期間1週間の場合は、92×(7／60)＝約11頭
③疾病牛の治療用のペン：受け入れ時の疾病牛の割合のピークが20％の場合は(86×0.2)×(14／60)＝約4頭
④ペンと必要数：②＋③＝15頭
⑤集団哺育施設：92頭×(53／60)＝約81頭(4群)

■集団飼養では寒冷対策が重要に

集団哺育施設では寒冷対策が重要になります。換気方法は機械換気が適しており、軒と棟には開口部を設置せずに複数台の換気扇を低速で回転させて換気回数を1～2回／時で調節し、牛舎内の温度の低下を抑えることを勧めます。

また哺乳牛が冷気に直接さらされるのを防ぐため、引き戸の内側にカーテンを設置するなど隙間風を完全にふさぐこと(**写真4**)、側壁の内側と外側にカーテンを設置して2重にすることが勧められます。さらに、休息場所上部にシートの覆いを設置することが有効です。このシートはワイヤーと巻き上げ機で可動式にし、除糞作業時にシートを引き上げることができるようにします(**写真5**)。夏季はシートを取り外して、骨組みだけにすることにより、空気の流れを良くします。

北海道東部および北部地域など厳寒地における、さらなる寒冷対策として、休息場所に赤外線ヒータを設置して加温するとともに、哺乳量を増加させて寒冷ストレスを防止することも必要です(**図11**)。

【堂腰】

写真5　休息場所上部に設置したシートの覆い

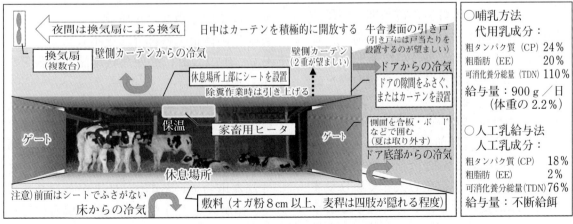

図11　厳寒地における寒冷対策

牛舎構造・レイアウト

第Ⅱ章 育成牛の施設

高橋 圭二

本稿のポイント

①育成牛舎の基本条件は、観察しやすく、給餌、牛床管理、除糞が容易にでき、そして確実に妊娠させられること
②月齢は3～5カ月、6～9カ月、9～12カ月、13～15カ月、16～19カ月、20～24カ月の6区分を基本とし、各区分の体格に応じたサイズとレイアウトにする
③離乳後の3～5カ月齢の子牛は群飼いにならすため、月齢差1カ月以内の4～6頭の小さな群をスーパーハッチで飼養する

酪農経営の後継牛である育成牛は、出産し生乳を生産するまでの間、「管理の手を抜く」対象となりがちです。しかし、将来の経営を左右する重要な牛たちであることは間違いありません。本稿では健康でしっかりとした育成牛を育てるための牛舎施設について解説します。

■設計の基本的考え方

離乳後から妊娠期までを育成牛とすると、育成牛の頭数は経営規模によって、哺乳牛の施設の項(34㌻表1)に示した頭数となります。群分けは、乳牛の体格に大きな差が生じない範囲の月齢で行います。育成牛舎は❶観察がしやすい❷給餌、牛床管理、除糞が容易にできる❸確実に妊娠させられる—ことが基本条件になります。

3～5カ月齢は離乳後の群管理への馴致(じゅんち)期間で移行期とされます。できるだけ体格差のない子牛を4～6頭で群飼いにします。飼槽はプラスチック製の物を高さ40cmで利用します。

6～8カ月齢はルーメン機能の発達期、9～12カ月齢は受胎能の確立期とされており、どちらの期間も栄養管理が重要になります。成長も早く体格差も大きくなりやすいので、体格差の少ない群で管理するようにします。6～8カ月齢は牛房式、9カ月齢以降はフリーストール式とします。成牛飼養数が少ないときには、全育成牛を牛房式とすることもできます。飼槽の高さは牛のいる面から20～30cmと、成牛の飼槽よりも高くして食べやすくします。

13～15カ月齢は初回の人工授精期となります。発情は12カ月齢から注意し、体高や体重から授精をするかどうか判断します。頭数が多い場合は、発情の有無や受胎したかどうかで、さらに群を分けることができます。人工受精時に保定できるように、セルフロックスタンチョンを設置します。

16～24カ月齢は受胎後、胎子の安定した発育を心掛ける時期です。出産に向けた時期でもありボディーコンディションに十分注意を払う必要があります。

こうした群分けに対応した育成牛舎の構造やレイアウトについて、収容頭数、必要サイズや留意点などを確認します。**表1**に育成牛の体格や各部寸法を示しました。さらに、施設設計に必要な各部諸元を**表2**に示しました。

育成牛は体格が小さいので、ゲートや柵、柵と施設の隙間に頸や肢を挟んだりしないような形状とします。建築工事と設備工事では業者が異なり、それぞれ余裕を持って寸法を取っているので、仕上がり具合を見て、頸が入るような隙間がある場合には自身でこの危険な隙間をふさぎましょう。

表1 哺乳牛・育成牛の牛体寸法測定結果

(数値の上段は平均値、下段は標準偏差)

月齢	体重(kg)	体高(cm)	胸囲(cm)	腹囲(cm)	膝高(cm)	肩高(cm)	胸骨高(cm)	顔幅(cm)	顔長(cm)	頸幅(cm)	腹幅(cm)
0～2	54.4	80.8	85.3	92.8	30.2	59.9	45.6	13.8	27.3	8.7	21.2
	14.1	4.5	7.5	13.3	1.6	1.6	3.3	0.8	1.0	0.8	
2～4	105.2	92.6	106.4	130.4	30.5	61.5	45.7	13.8	29.2	9.3	30.7
	20.6	4.9	7.4	11.9	1.7	2.6	2.4	1.0	1.3	0.7	
4～6	161.0	103.7	123.2	153.5	32.2	71.4	54.6	16.5	34.7	11.0	33.5
	27.0	4.5	7.3	10.7	1.8	4.2	3.8	1.0	1.8	0.8	
6～9	214.4	112.9	136.9	168.4	34.6	77.3	55.7	17.9	38.4	12.4	39.6
	33.0	4.3	7.4	9.9	1.6	3.4	3.0	0.9	1.6	0.8	
9～12	288.1	120.9	152.6	185.8	36.3	81.4	56.3	19.8	42.1	14.2	45.5
	43.7	4.3	8.3	9.7	1.7	3.3	4.7	1.1	2.3	1.4	
12～18	396.3	130.0	170.4	206.8	38.7	89.1	59.6	21.2	47.0	15.8	50.6
	54.5	4.3	8.3	12.1	1.8	3.3	3.9	1.1	2.1	1.3	
18～24	543.4	137.8	190.4	235.1	39.8	93.4	61.0	22.3	50.6	17.4	56.5
	63.4	3.5	7.7	13.6	1.4	2.6	3.2	1.2	1.9	1.1	

表2 育成牛のフリーストール寸法、牛房必要面積、飼槽幅

月齢	3～5	6～9	9～12	13～15	16～19	20～24
牛床幅(cm)	――	75	90	105	105	120
横臥長(cm)	――	135	145	155	165	170
牛床長(cm)	――	180	185	190	200	210
飼槽幅(cm/頭)	450	55	65	72	75	81
牛房面積(㎡/頭)	2.3	2.5	2.5	2.9	3.6	3.6

注：牛床幅は腰角幅×2、横臥長は体高×1.2、牛床長は体高×2、飼槽幅は腰角幅×1.6として求めた。
牛房面積は「MWPS7、2013」を基に算出した

通路目地の溝は幅10～12mm、間隔40～75mmの縦溝とします。

■月齢ごとの施設構造の詳細

【3～5カ月齢(移行期)】

離乳後の3～5カ月齢の子牛は、個別飼養のカーフハッチから群飼いにならすため、4～6頭で月齢差1カ月以内のできるだけ小さな群で管理します。施設としては、カーフハッチの群飼い版であるスーパーハッチや、牛房方式の移行期牛舎(後述)が利用されます。この時期の子牛にフリーストール牛舎は利用しません。

離乳は子牛にとって非常に大きなストレスとなります。確実に離乳して代替飼料で栄養摂取ができていることを確認し、個別飼いの時に病気に感染していないことを確認してから群飼いにします。

管理の基本はカーフハッチと同じで、子牛をぬらさない、隙間風や強風にさらし続けない、そして新鮮な空気環境と乾燥した状態を保つことが重要になります。スーパーハッチや牛房には敷料をたっぷり入れ、天候に応じて子牛が最も快適な場所を見つけて休息できるようにします。雨で収容場所が泥ねい化しないように舗装するか、ぬかるみ防止策をしっかり行います。また、常に水が飲めるように飲水器を設置し、飼槽の設置高さは40cmとします。降雨対策として簡単な屋根を掛けます。

施設はオールイン・オールアウトで利用します。1つの群の利用が終了したら、2週間以上は空けて次の群を入れます。

スーパーハッチの寸法・条件：スーパーハッチやシェルタと呼ばれる移行期牛の施

設は雨や雪、風を防ぐことができ、子牛が自分で最も快適な場所を選んで休息できる所です。設置するのは排水が良好で乾燥した場所とします。舗装すると掃除や消毒がしやすくなります。休息スペースは1頭当たり2.7㎡確保し、敷料をたっぷり入れます。幅4.5m×奥行き3.6mの大きさにすると、この条件を満たすことができます。スーパーハッチの前には金網や柵で囲った運動用のスペースを設置します（**図1、写真1、2**）。前面の高さは2.4m、後部の高さは1.6m程度とし、屋根勾配は2／10以下とします。側面は固定壁または開閉カーテンとします。

温暖期や夏季は前面を常時開放します。側面の開閉カーテンも常時開けますが、強風時や悪天候時に閉鎖します。

寒冷時は、側面は閉鎖します。暴風雪地帯では雪が入り込まないように前面の両側や上部は一時的に閉鎖します。敷料は温暖期よりも多く入れて、子牛が寒さから身を守れるようにします。

移行期牛舎：移行期牛舎は、スーパーハッチを牛房として連続させたような構造となります（**図2、写真3**）。

牛舎は間口7.2mで1群の幅を3mとし

写真1 木製スーパーハッチの設置例（前面は冬季用の囲いが下りた状態）

写真2 木製のスーパーハッチを広い運動場に設置した例（シェルター的な利用法）

て、1群6頭を基本に必要な群数を割り出します。雌雄50％の出生割合の場合、成牛数50頭で移行牛1群（6頭）の割合になりま

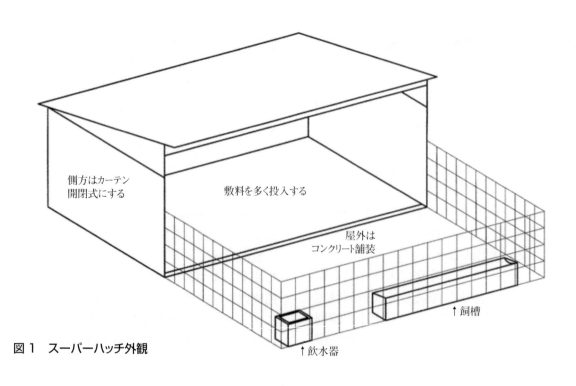

図1 スーパーハッチ外観

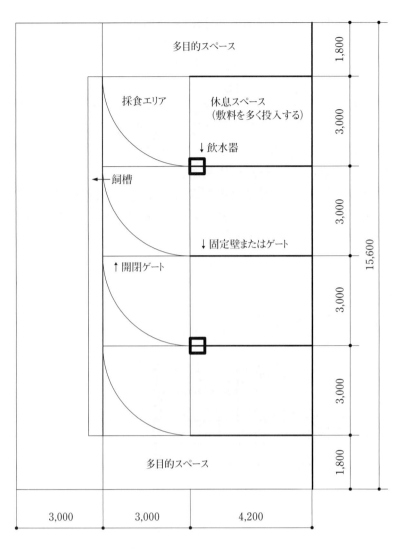

図2 移行期牛舎の平面図（単位：mm）

写真3 移行期牛舎の例

より高さ40cm程度のプラスチック製を取り付けます。飲水器は群と群の間に設置します。給餌作業の妨げとならない高さで、飼槽部に屋根掛けをすることも可能です。暴風や暴風雪が多い地域では、飼槽と給餌通路を屋内にする形式を採用します。牛舎の両側に0.9〜1.8mの多目的スペースをつくると、牛房部分に雨や雪が吹き込んだり、糞尿が屋外に流出したりするのを防ぐことができます。

奥側の軒高は3m、前面の軒高は4.8mとなります。奥側と前面の飼槽屋根の上部に開閉式カーテンを設置します。カーテン内側にはあおり止めと、子牛がカーテンをかじらないよう、ジオテキスタイル（網目4〜5cmのプラスチックのメッシュ材）を取り付けます。軒の長さは90cmと少し長くします。側面は上部を採光ができる資材でふさぎ、下部はカーテン開閉式とします。

牛舎の向きは冬季の季節風を避けるよう、地域によっては、暴風雪時の風向きに応じ設置します。飼槽屋根を付けたときは、この部分にカーテンを付けると暴風雪時に閉鎖できます。

休息スペースは奥行き4.2mで固定壁か柵で仕切ります。採食スペースは奥行き3.0mで開閉式ゲートを設置します。

温暖期や夏季は、カーテンを開けて管理します。寒冷期には、カーテンを閉鎖し麦稈敷料をたっぷり投入します。さらに、隙間風を防ぐため側方から風が入らないよう追加のシートを使ったりベールを置いたりして、しっかりふさぎます。寒冷が厳しい地域では、麦稈敷料の量を追加するととも

す。従って、図2のような4群の移行期牛舎は成牛200頭以上で利用する施設と考えます。

屋根は屋根勾配2.5／10の片流れとし、飼槽は屋外給餌とします。飼槽は平面の物

に、休息スペースの奥側から約2.1ｍの範囲を高さ1.8ｍで覆ってシェルタスペースをつくります(図3)。

【6～8カ月齢】

身体も大きくなり、病気に対する耐性も付いてくる時期ですが、管理の基本は移行期牛舎と同じです。6～8カ月齢は牛房式で収容します(図4)。1頭当たり飼養面積は2.5㎡とし、1群当たり10～12頭までとします。飼養数が多い場合は2、3群に分けます。飼槽部分はネックレール方式とし、高さ100～110cmで前方に15～20cm出します。飼槽壁を子牛の膝より高い45cmの高さに設置し、飼槽の高さは25～30cmとします(図5)。

冬季の隙間風防止対策として、横臥(おうが)エリアに移行期の牛房と同じシェルタスペースをつくります。

【9～12カ月齢】

牛房式の場合は1頭当たり飼養面積を2.5㎡とし、移行期牛と同様に管理します(図6、7)。

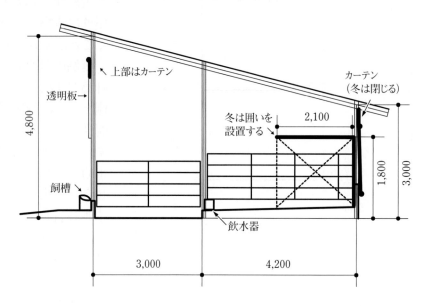

図3　移行期牛舎の断面図（冬季の囲い設置時）（単位：mm）

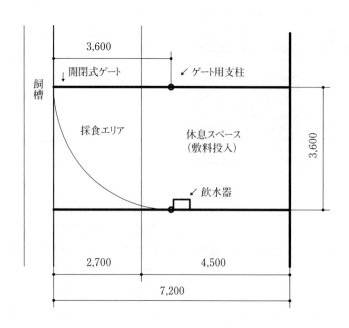

図4　6～8カ月齢の牛房平面図（単位：mm）

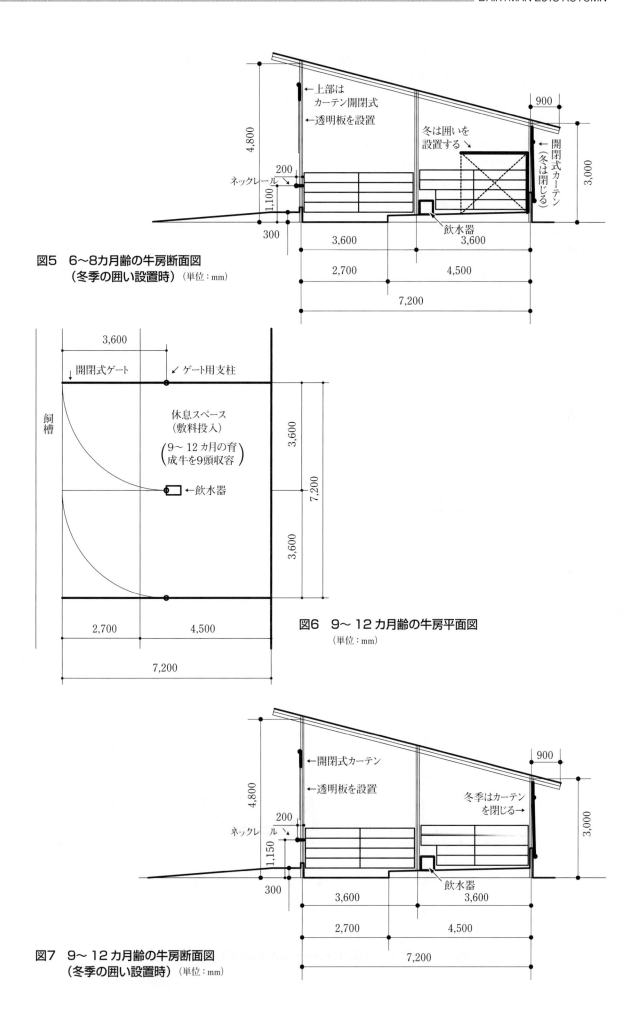

図5　6〜8カ月齢の牛房断面図（冬季の囲い設置時）（単位：mm）

図6　9〜12カ月齢の牛房平面図（単位：mm）

図7　9〜12カ月齢の牛房断面図（冬季の囲い設置時）（単位：mm）

フリーストール式にする場合は、牛床幅90cm、牛床長185cm、横臥長145cmとしてブリスケット資材を設置します(図8)。隔柵はU字型やワイドループの簡易な形状でも子牛は身軽なので対応可能です。牛床は適切な構造で設置し、正しく横臥できるよう牛床はマットレスやEVAなどを用い快適に仕上げ、敷料も多めに使います。

飼槽部分はネックレール方式とし、高さは105～115cmで前方に15～20cm出します(図9)。飼槽壁は45cmで、飼槽高は25～30cmとします。月齢差が大きくなるので、食い負けしないように、飼槽は全頭並べる幅を取ります。

通路側に頭を向けて反対向きで横臥している牛を見つけたら、できるだけ速やかに正しく入って横臥できるように馴致します。後ろに下がれない牛もいるので、こうした牛は牛床内で回転しないように、頭絡を持って後退の仕方を教える必要があります。発育が遅く身体が小さい個体は1つ下の群に戻すことも考慮します。

12カ月齢くらいになると初回の発情を示す牛もいるので、体重や体高を見ながら大きい牛は次の群に移します。

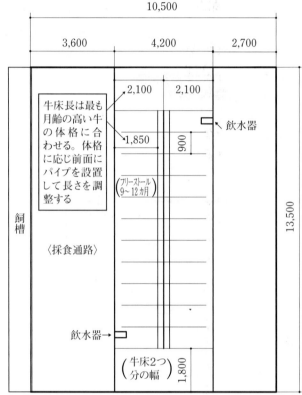

図8　9～12カ月齢のフリーストール牛舎平面図
(単位：mm)

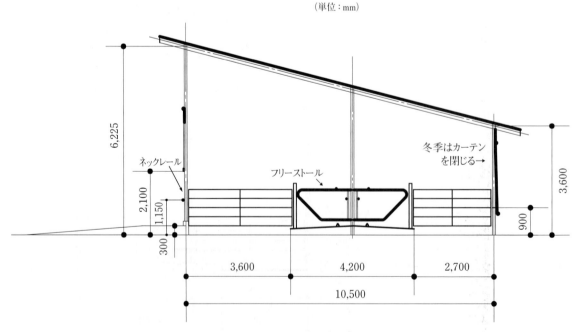

図9　9～12カ月齢のフリーストール牛舎断面図(単位：mm)

【13～15カ月齢】

初回の発情を見つけ人工授精をするための群です。人工授精のため保定できるよう、飼槽部分にはセルフロックスタンチョン施設を設置します。発情が来た牛や人工授精をした牛が区別できるようにしておきます。

牛房式の場合、飼養面積は1頭当たり2.9㎡とします。フリーストール牛床にする場合は、牛床幅105cm、牛床長190cm、横臥長155cmでブリスケット資材を設置します(図10)。隔柵はU字型やワイドループの簡易な形状でも子牛は身軽なので対応可能です。牛床は適切な構造で設置し、正しく横臥できるよう牛床はマットレスやEVAなどを用い快適に仕上げ、敷料も多めに使います。

飼槽壁は45cmとし、セルフロックスタンチョンで全頭並べるだけの幅、数が必要です。前方に傾斜させ、飼槽の高さは25～30cmとします(図11)。飼槽が高いので採食姿勢で保定できるように、セルフロックスタンチョンの設置の高さや形状を調整します。飼槽壁を低くする場合も同様に調整します。

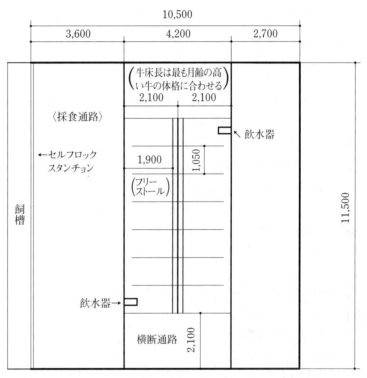

図10　13～15カ月齢のフリーストール牛舎平面図（単位：mm）

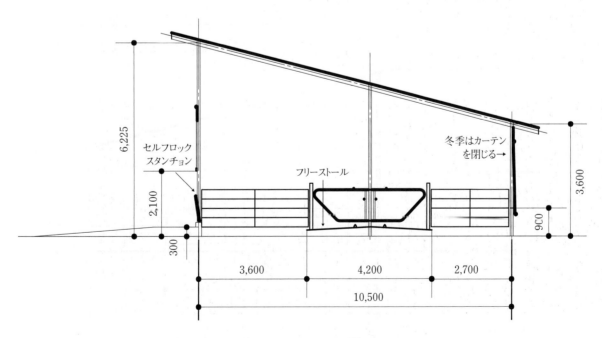

図11　13～15カ月齢のフリーストール牛舎断面図（単位：mm）

【16カ月齢〜分娩】

　頭数が多くなり体格差も大きくなるので、20カ月齢前後で2群に分けると管理がしやすくなります。体格差が生じた場合は、月齢にこだわらず、大小どちらかの群に移すようにします。分娩が近いにもかかわらず、体格が小さい場合は個別に栄養管理が可能な施設に移すなど、確実な出産ができる管理体系とします。

　牛房式とする場合は、1頭当たり3.6m²とします。フリーストール牛床とする場合は、16〜19カ月齢では牛床幅105cm、牛床長200cm、横臥長165cmでブリスケット資材を設置します（図12、13）。

　20〜24カ月齢（分娩）では、牛床幅は120cm、牛床長は210cm、横臥長170cmでブリスケット資材を設置します（図14）。隔柵はU字型やワイドループの簡易な形状で対応可能です。適切な構造で正しく横臥できるよう、牛床はマットレスやEVAなどを用い快適に仕上げます。

　飼槽部分はネックレール方式とし、高さ120cmで前方に15〜20cm出し（図15）、飼槽壁45cmで、飼槽の高さ25〜30cmとします。体格差が大きくなるので、食い負けしないよう飼槽は全頭並ぶ幅にします。

■規模別の牛舎レイアウト

　全体の頭数が50頭（成牛がつなぎ飼い飼養）の牛房式牛舎、100頭および250頭のフリーストール牛床のレイアウト例を検討しました。成牛がつなぎ飼いの場合は、フリーストール牛床にならす必要がないので低コストな牛房式とします。

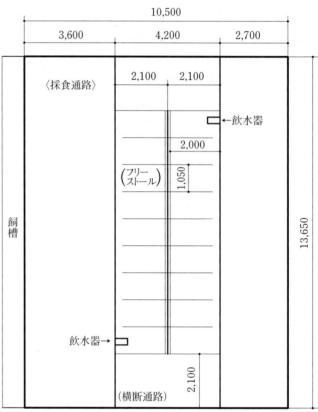

図12　16〜19カ月齢のフリーストール牛舎平面図（単位：mm）

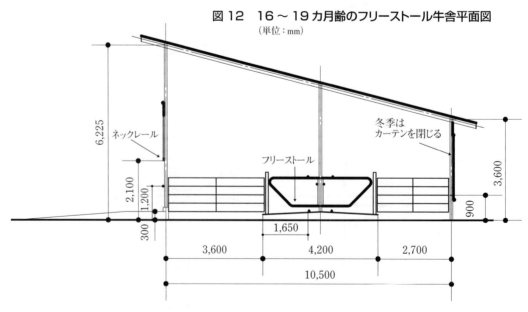

図13　16〜19カ月齢のフリーストール牛舎断面図（単位：mm）

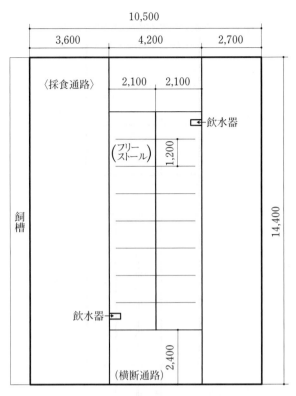

図14　20〜24カ月齢のフリーストール牛舎平面図
（単位：mm）

レイアウト各部の寸法については、45ページ表2に示した値に基づき、牛群ごとの牛床や牛房の幅や長さを決定します。また、牛房方式では通路除糞時のゲート操作を考えて詳細を設計します。飼槽形状やゲート柵形状などの詳細設計は、45ページ表1に示した牛体寸法を参考にします。

【育成牛50頭牛房式】

3〜24カ月齢の育成牛を収容する、牛房式の牛舎レイアウトを図16に示しました。敷料をたくさん入れる休息スペース（奥行き4.5m）と、敷料を入れない採食通路（除糞スペースも兼ねる、奥行き2.7m）で構成されます。休息スペースの幅は収容頭数に応じて決定します。牛舎の両側に0.9〜1.8mのスペースをつくると、雨の吹き込みや糞尿の流出に対応できます。

屋根は傾斜2.5／10として、片流れにします。奥側は3.6m、前面は5.4mの軒高となります。奥側の基礎壁は地盤から1.2m、牛舎内の床から0.6〜0.8mの高さとします。

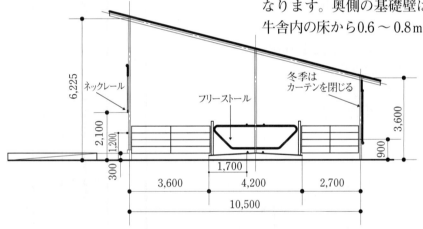

図15　20〜24カ月齢のフリーストール牛舎断面図（単位：mm）

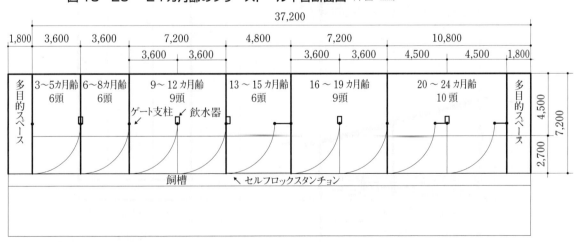

図16　育成牛50頭規模のレイアウト例（成牛がつなぎ飼い牛舎の場合は分娩1〜2カ月前につなぎ飼いに馴致する）（単位：mm）

壁面は軒下から開閉式カーテンを設置し、内側には子牛がカーテンをかじらないよう、ジオテキスタイルを取り付けます。前面は、飼槽の上部1.8m分の巻き上げカーテンを取り付けます。風の強い地域では前面の軒下1.8m分だけ巻き上げカーテンとし、その下の飼槽上1.8m分までを採光資材でふさいでもいいでしょう。側面は、上部を採光性のある資材でふさぎ、その下の高さ2.7〜3.6mはカーテン開閉式とします。

月齢ごとの牛房は前述した寸法・条件に従って設計します。

ゲートは除糞時や牛の移動時に開閉できるようにします。休息スペース側の柱を牛房内に立てることで、単純な構造とすることができます。飲水器は休息スペースの端に設置します。

成牛がつなぎ飼いの場合、分娩前1〜2カ月には成牛舎に収容してつなぎ飼いに慣らします。除糞や給餌は月齢の低い方から高い方へ向かって作業します。月齢の高い側に糞尿積み込みを容易にする高さ1.5mのコンクリート壁をL字に設置します。

【育成牛100頭フリーストール牛舎】

フリーストール牛床の牛舎レイアウトを図17に示しました。

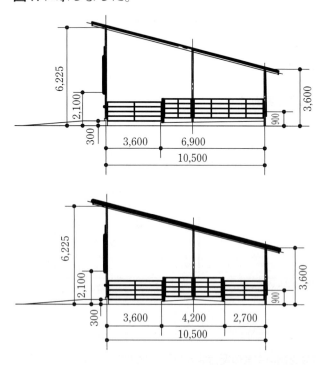
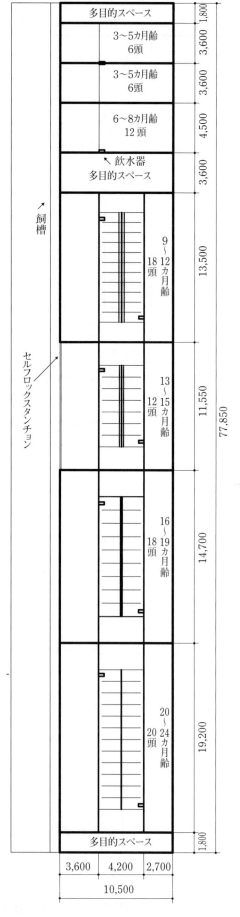

図17　育成牛100頭規模のレイアウトと断面図の例

移行期牛も6頭2群で収容するレイアウトとしました。6〜8カ月齢までは牛房方式で収容します。

9〜12カ月齢、13〜15カ月齢、16〜19カ月齢、20〜24カ月齢はフリーストール牛床としました。それぞれの詳細は前述した施設設計を参照してください。

壁側の通路幅は2.7m、牛床長は24カ月齢に合わせて2.1mとして、採食通路幅は3.6mとします。屋根傾斜は2.5／10として、片流れにします。奥側は3.6m、前面は6.225mの軒高となります。壁面などのカーテンの設置は100頭規模と同様とします。

【育成牛250頭以上のフリーストール牛舎】

フリーストール牛床の牛舎レイアウトを図18、断面図を図19に示しました。

基本的な設計は100頭規模と同じです。牛舎は中央給餌として両側に牛床、牛房を配置するレイアウトとしました。

屋根形状はセミモニタとして、冬季は牛舎内に日射を取り入れるようにします。

◇　◇　◇　◇

牛舎整備では換気、採光、保温、隙間風防止、放射冷却防止など季節によって異なる管理ができるようにすることが必要です。子牛の死廃率が高いことが問題となっていることから、いずれの季節であっても清潔で新鮮な空気の確保とたっぷりの敷料による保温が第一と考えて整備を進めてください。

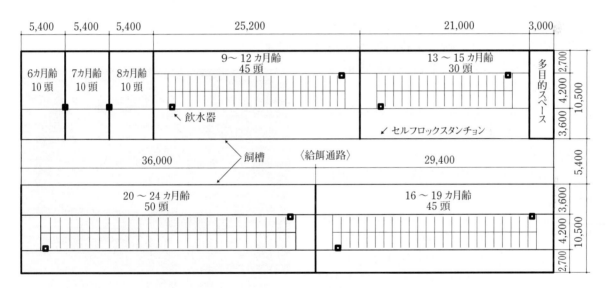

図18　育成牛250頭規模のレイアウト例
（3〜5カ月齢はスーパーカーフハッチ6台利用）（単位：mm）

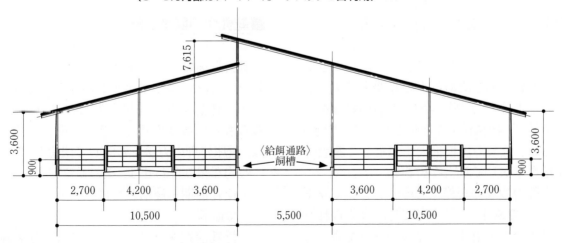

図19：育成牛250頭規模の断面図（単位：mm）

牛舎構造・レイアウト

第Ⅱ章 乾乳牛・分娩牛・治療牛の施設

菊地 実

本稿のポイント

①分娩直前、分娩時も含め乾乳期の牛を飼う施設は衛生的で行動の自由が保証されていることが原則
②フリーバーンは乾乳前期で6〜7㎡／頭、乾乳後期で9〜10㎡／頭の面積を確保し、敷料の厚さに留意するとともに専用の牛床マットを敷く
③フリーストールは牛床幅125〜130cmとし、ネックレールは牛床後端から180cm前後で高さ125〜128cmの位置に設置するなど各部の適切なサイズ、設置位置に留意する
④飼槽の高さは採食量確保のため20〜35cmとする

　乾乳・分娩施設の良否は❶牛床❷換気❸飼槽❹水槽―という4要素の完成度によって決定され、これらに加えて重要なのが衛生度の水準です。衛生度は牛の健康に直接的な影響を与えます。衛生を維持できない原因に挙げられるのは、不適切な牛舎構造と管理者の認識不足です。

　衛生度を加えた5要素の減点分の合計が、乾乳・分娩牛が暴露されるストレスの大きさになります。ストレスの大きさが分娩前であれば母牛の体調を決め、母牛の体調は胎子の健康度を決定します。

　乾乳前期（ファーオフ期）であれ、乾乳後期（クロースアップ期）であれ、乾乳牛（分娩直前、分娩時も含む）を飼う施設は衛生的（清潔）で行動の自由が保証されていることが原則です。

■乾乳牛用施設の基本的考え方

　乾乳施設をどこにどのように配置するかは、作業効率を決める重要な要素です。配置の基本は牛、飼料、糞尿、敷料の動線を直線で結び、機械作業を前提とすることです。さらに、将来の規模拡大を想定して施設予定地を確保しておくことです。

　実際の牧場の規模拡大の歴史を見てみましょう（**写真1**）。①が創業時につくられた搾乳牛舎と乾乳牛舎およびパーラです。②は新設された搾乳牛舎と乾乳牛舎です。③は糞尿処理施設と哺育牛舎です。④は新設された乾乳牛舎です。規模拡大に伴い、乾乳牛舎が①から②、そして④へと移動しています。

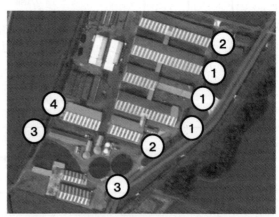

写真1　計画的に規模拡大された牧場全体のレイアウト

■乾乳牛の飼養形態

　飼養形態はフリーストール、フリーバーン（ルーズバーン、ベデッドパック＝採食エリアと休息エリアを区分したタイプ）のどちらも差はありません。どの形態にするかは、糞尿処理の方法を考慮して決定します。一般的な組み合わせは、次の通りです。

・乾乳前期・後期ともにフリーストールで飼養
・乾乳前期をフリーストールで、乾乳後

期をフリーバーンで飼養
・乾乳前期・後期ともにフリーバーンで飼養

どちらの飼養形態でも、分娩をさせる牛房(分娩房)か専用のスペースが必要です。その目的は分娩牛を他の牛から隔離すること、分娩場所の衛生を維持することにあります。

留意しなければならないのは、管理する人と管理される牛にとって安全な構造にすることです。フェンスの位置や構造、通路の幅、コーナーのスペースが不適切だと、牛や人を傷付けるリスクがあります。牛を追い込む仕組みや保定する仕組みがない場合は人がケガをするリスクが高くなります。つなぎ飼養はあらゆる行動、特に寝起き行動に一定の制約を与えるため、乾乳牛の飼養環境として望ましくありません。

■牛床サイズ・構造の目安

【フリーバーン】

フリーバーン飼養で必要な牛床面積は、採食通路や横断通路、横臥(おうが)が難しい斜面の面積などを含まず、実際に牛床として使える面積です。1頭当たりの目安は少なくとも乾乳前期で6～7㎡、乾乳後期で9～10㎡です(**表1**)。

表1　乾乳牛飼養のフリーバーン牛床面積

乾乳前期	乾乳後期
6～7㎡／頭	9～10㎡／頭

敷料を積み上げる方式(**写真2**)の場合、牛床のベースはコンクリートとし、定期的に敷料を積み増しして牛床のコンディションを維持します。

牛床に角度(高低差)を付ける場合は、敷料の入れ方(厚い、薄い)によって成形します。ただし、牛床の角度が大きい場合や高過ぎる場合(**写真3**)は、牛が横臥に使える実面積が減ります。凸状の牛床で牛が混み合う状況(**写真4**)が生じると、逆子や胎向変位などの発生率が上がります。乾乳牛が集中し牛床面積が制限される場合は、敷料の量を増す、飼料の給与回数を増す、水槽の洗浄回数を増すなどの対応によって一時的にクリアすることができます。

写真2　敷料を積み上げる方式のフリーバーン

写真3　牛床が高過ぎるフリーバーン

写真4　牛が混み合う凸状のフリーバーン牛床

フラットなフリーバーン牛床(58㌻**写真5**)の留意点は、寝起き時にスリップさせないことです。スリップの原因は、後肢の蹄(蹄尖=ていせん)が牛床または敷料に立たない、いわゆる爪が立たない状態です(58㌻**図1**)。

フラットな牛床でコンクリート床の場合

写真5　フラットなフリーバーン牛床

図1　スリップを防ぐには立っているときに蹄が少しへこむような弾力性のあるマットを敷く
（KRAIBURG原図）

は、敷料を30cm以上の厚さとします。敷料の厚さを確保することで、スリップを防止でき、さらに床から蹄底に加わる物理的な力（抗反力）が減ります。このことは、分娩後の蹄病、特に蹄底潰瘍の予防に大きく貢献します。併せて、厚い牛床は尿が浸透していくので牛体の汚れが減ります。加えて、冬季は牛床からの熱伝導が減るために体感温度を維持することにもなります。

専用に開発された牛床マット（図2）を敷くことで、軟らかさとスリップの防止を期待できます。保温効果を確保しながら敷料の量を減らすことも可能です。

ゴムマットを敷くことで敷料の節約になりますが、なくてもよいことにはなりません。敷料には衛生面と居住性の2つの機能があります。敷料ゼロの場合は、いずれの機能も失っていることになります。

敷料と糞尿を混合し発酵させるコンポストバーン（写真6）の場合は、定期的に追加される敷料（主にオガ粉）のタイプと量、混合の頻度と精度を満たすことができれば良い牛床コンディションを保てます。敷料の確保とコスト、作業時間、夏場の発熱などを考慮して採用するかどうか決めます。

写真6　コンポストバーン方式の乾乳舎

【フリーストール】

フリーストールの各部のサイズの目安は表2を参考にしてください。併せて、表の補足として、写真7、8にネックレールの設置事例を示しました。

牛床の幅（パーテーションの芯から芯の幅）は125〜130cmです。乾乳前期は摂取する飼料の大半が粗飼料であり、体躯（たいく）左側の肋（ろく）が開張しているため120cm幅では窮屈です。乾乳後期の牛は体躯右側の妊娠子宮が張り出してくるために、さらに窮屈な状態になります。

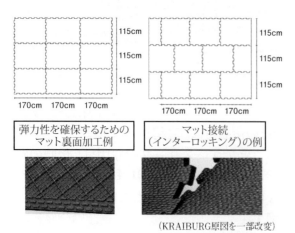

図2　牛床マットの施工およびマットの構造例
（KRAIBURG原図を一部改変）

表2　乾乳牛飼養のフリーストールのサイズ

牛床全体の長さ	300〜305cm
牛床（ボディースペース）	175〜180cm
突き出しスペース（ヘッドスペース）	120〜130cm
牛床の幅	125〜130cm
ブリスケットボードの高さ ※a	10〜12cm
ボトムレールの高さ ※a	25〜30cm
ネックレールの高さ ※a	125〜128cm
牛床後端からネックレール ※b	178〜180cm
牛床の高さ ※c	15〜20cm
ブリスケットボードからループの立ち上がり ※d	50〜60cm

※a: 牛床からの高さ　※b: 写真7参照　※c: 通路から牛床の高さ
※d: 写真7、8参照

牛床のボディースペース(横臥=おうが=する部分)の長さは180cmが目安です。ヘッドスペース(頭を突き出す部分)の目安は最小で120cm、可能であれば130cmとします。

　牛床に勾配を付ける場合は、頭側から尻側に向かって1～2％(水勾配)とします。

　牛床の素材は、柔軟性を持ったゴムマットまたはそれに準じるものとします。この場合の柔軟性は、起立・横臥時に後肢の蹄尖が立つこと、前膝(ぜんしつ)に痛みを与えないことが目安になります。これによって、前述した牛床の居住性機能を満たすことができます。

　牛床の衛生は、敷料によって乾燥状態を維持することで達成されます。必要があれば牛床を洗浄できる素材、構造の方が有利です。コンクリートやゴムマットは洗浄が可能です。砂や土の牛床は洗浄できないため、衛生度維持のために総入れ替えができる前提で考えます。

　ブリスケットボード(ポリピロー)は必ず付けます。牛に優しい枕状(軟らかいという意味ではない)の物で、柔軟性のある素材を使い、牛に横臥できる位置(ボディースペース)を認識させます。

　サイドパーテーション(横方向の仕切り柵)の形状は、横臥する時や横臥後に腰角がぶつからない、起立時に横方向に頭を振り出すスペースがある、牛床メンテナンス時に邪魔にならないなどの機能を満たすものを採用します。

　フロントパーテーション(牛床の前方方向の仕切り柵)は、横臥時と起立時に頭部を突き出すのに邪魔になる構造物は付けません。もし、牛がフロントパーテーションから抜け出す場合は、横臥時の目線の位置にロープやバンドなどを張り、いわゆる心理柵効果で通り抜けを防ぐことができます。パイプやワイヤなどの物理柵はいざという場合に牛がケガをさせる恐れがあります。

　ネックレールの位置は、牛床後端から計測し180cm前後(**写真7**)目安とし、牛床から125～128cmの高さに設置します。それは牛のき甲から肩端の長さを3等分し(60ページ**写真9**)、き甲から1／3の位置になります。パーテーションは、トップレールの上に付けても下に付けても機能は同じです。むしろ高過ぎる、あるいは低過ぎる方が問題になります。

　牛床後端(カーブ)から対角線で計測してネックレールの位置を導く方法もあります(**写真8**)。一般的には220cmを目安とし、体格が小さい場合は210cmを目安とします。

　フリーストールで飼養する乾乳牛の頭数はストール数の80％を最大とします。

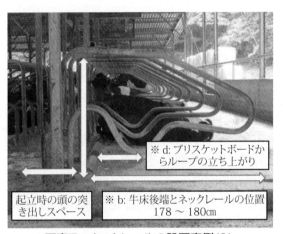

写真7　ネックレールの設置事例(1)

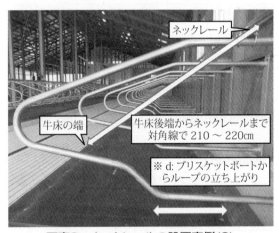

写真8　ネックレールの設置事例(2)

■ **各種通路幅の目安**

【採食エリアと休息エリアの通路】

　フリーストールの採食エリアの通路(採食通路)および休息エリアの通路(休息通路)の幅は、ツーロウ(ストールが2列)かス

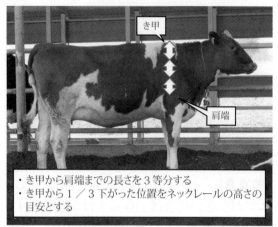

- き甲から肩端までの長さを3等分する
- き甲から1/3下がった位置をネックレールの高さの目安とする

写真9　き甲を基準にしたネックレール高さの設定法

写真10　水槽を設置したフリーバーンの横断通路

リーロウ(同3列)かによって異なります。併せて、採食のみに使う通路、採食と休息(ストール)を兼ねた通路、休息のみに使う通路それぞれに推奨される幅が異なります(**表3**)。

フリーバーンの採食通路の幅は、牛床と通路の間に隔柵などがなく自由往来できる場合は、270〜360cm、隔柵があり移動経路(出口、入り口)が限定される場合は360cm以上です。

表3　各種通路の幅

休息(ストール)通路、尻合わせ	300〜360cm
採食通路	360〜420cm
採食・休息兼用通路(採食通路からストールで休息できる配置)	390〜450cm
横断通路(水槽なし)	360〜450cm
横断通路(水槽あり)	450cm
牛移動用通路(機械作業あり)	240cm以上
牛移動用通路(牛のみが移動)	90〜100cm

【横断通路】

フリーバーンでもフリーストールでも、横断通路の幅は360cm以上です。横断通路に水槽がある場合は、水槽で占有される幅を加えて計算します。

フリーバーンで横断通路に水槽を設置する場合は、横断通路の段差幅(渡り幅)を90cmとし(**写真10**)、その段差上に水槽を置くことで除糞などの作業を直線的に行うことができます。この場合、あらかじめ排水パイプを埋設しておく必要があります。

【牛移動用通路】

牛の群移動(牛房間の移動)をスムーズに行うために専用の移動通路が必要です。スキッドローダで除糞などを行う場合の通路の幅は240cm以上とします(**写真11**)。牛房から牛房へ1頭単位で移動する前提の場合の通路幅は、90〜100cmが目安です(**写真12**)。

写真11　機械作業を行えるよう240cm以上の幅を取った牛移動用通路

写真12　牛を1頭単位で移動することが前提の通路

【通路の滑り止め】

通路表面の滑り止めは、コンクリートに溝を切る場合は溝幅15〜20mm、溝と溝の幅(蹄が接地する部分)は75〜100mmで、表面はフラットにし、溝の切り口はバリ(突起)がない状態に仕上げます。

通路用のマットを敷く場合は、全面に敷く場合と部分的に敷く方法があります。部分的に敷く場合の考え方は次の2つです。
①採食時の蹄が受けるストレスを緩和するために、前肢が立つ部分と後肢が立つ部分に敷く
②移動時にソフトな部分を歩かせるために敷く(**写真13**は移動時にゴムマットを歩かせる考え方)

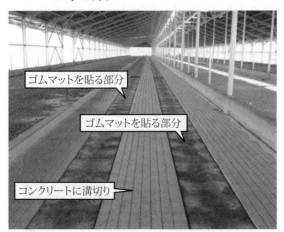

写真13　移動時にゴムマットを歩かせるマットの敷き方

通路全面に敷かれたマットは、**図3**のように夏の日差しを受けて膨張し、冬の低温にさらされて収縮します。その結果、たわみや剥がれが生じます。この状態を防ぐためには、マットのテンションを保つのと併せて、両側にそれぞれ10〜20mmの隙間(ゆとり、遊び)を確保します。

搾乳牛舎の通路と乾乳牛舎の通路の構造、素材は同じにします。搾乳牛舎の通路に対し乾乳施設の通路の方が滑りやすい場合、歩行中のスリップ事故が多くなります。例えば、搾乳牛舎の通路がゴムマットで、乾乳牛舎の通路がコンクリートの場合、滑りやすいコンクリート通路の歩様に慣れていないためスリップ事故を起こします。こうした事故は乾乳施設へ移動した当日から翌日にかけて多発します。

■飼槽のサイズ・構造の目安

乾乳牛、特に分娩が近づいている乾乳後期の牛は飼槽の採食しやすさに強く影響を受けます。飼槽の高さは、一般的には採食通路から10cm前後が推奨されています。この高さは、草地で牛が採食した草の高さ(喫草高)から導かれたものです。留意しなければならないのは、草地で採食している牛は前肢を前後に開いていますが、牛舎の飼槽では前肢をそろえて採食することです。だから、飼槽の高さは採食のしやすさに強く影響するのです。

飼槽高の異なる飼槽の採食量を調べた結果が**表4**です。高さ5cmの飼槽と比べ、45cmの飼槽は約10%採食量が増しています。採食のしやすさに差が出るのは、餌を給与した直後ではなく、餌が少なくなったときです。62ᵍ**写真14**の牛は前肢・後肢の体重配分を変えずに採食していますが、62ᵍ**写真15**の牛は前肢に体重を移し、飼槽隔壁に前膝を当て、ネックレールに頸部を当てて体重を支えて採食しています。

分娩が近付いている牛は、通常の体重に

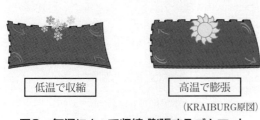

(KRAIBURG原図)

図3　気温によって収縮・膨張するゴムマット

表4　飼槽の高さが分娩前の乾物摂取量に及ぼす影響

	飼料摂取量 (DMkg/頭)	
	H区	L区
全期間	14.5 ± 1.6^a (10)	13.0 ± 2.1^b (18)
分娩2日前	14.2 ± 1.7 (7)	12.9 ± 2.5 (11)
分娩前日	13.2 ± 2.7^c (8)	11.4 ± 2.8^d (11)

※H区:飼槽高さ45cm、L区:飼槽高さ5cm
ab; $p<0.05$、cd; $p=0.08$

写真14　前肢・後肢の体重配分を変えずに採食する乾乳牛

写真15　前肢に体重を移し、ネックレールに頸部を当て体重を支えながら採食する乾乳牛

胎子、胎盤、羊水、初乳の重さが加わり、さらに分娩に向かって身体中の筋(腱)が緩んでいます。この状態で体重を前肢に移し低い位置から採食するのは、摂取量の多寡に影響します。

筆者は乾乳牛舎の飼槽の高さは20～35cmを目安として考えています。飼槽のコーティング幅は90～120cmが目安になります。

飼槽表面の仕上げは、コーティングであれステンレスであれ、滑らかで汚れと臭いが付きにくい素材を使い、必要があれば洗える構造とします。清潔な飼槽はルーメンをバクテリア感染から守ります。飼槽に関わる各部の推奨値は**表5**を参照してください。

表5　乾乳施設の飼槽の構造

飼槽隔壁の高さ(採食通路からの高さ)	50～56cm
飼槽隔壁の厚さ(幅)	15～20cm
飼槽レールの高さ(採食通路からの高さ)	125～128cm
飼槽レールの取り付け位置(採食通路側の飼槽隔壁面からレールの内側まで)	20～26cm(芯から芯の場合約30cm)
飼槽幅(コーティング面)	90～120cm
※飼槽側の隔壁もコーティングを行う	
飼槽の高さ(採食通路から)	20～35cm
※一般的にはおおむね10cm前後が推奨されている	

■分娩房・治療房は敷料が重要

牛床面積は58ページ**表2**の乾乳後期に準じます。牛床の構造は前述したフリーバーンの構造に準じます。

分娩房のコーナーに牛を保定するためのヘッドロックを付けるパターンもあります(**写真16**)。分娩房に入れる頭数は1頭が基本ですが、実牛床面積が確保できている場合は2頭まで問題はありません(**写真17**)。2頭を入れる利点は、競り食いによる採食量の向上、初生子のリッキングの手助け、分娩頭数に対する施設の融通性向上などです。

牛床に入れる敷料は麦稈などストローとします。母牛がリッキングによって汚染されたオガ粉や戻し堆肥を摂取することは、ルーメンに大量のバクテリアを送り込むことになります。

ストローの利点は疎水性が優れていることで、分娩時の産道の細菌感染や羊水による乳房汚染、誕生する子牛の細菌汚染などのリスクを低下できます。

写真16　保定用のヘッドロックを付けた分娩房

写真17　スペースが確保され2頭の妊娠牛が入る分娩房

■**水槽の長さ・高さの目安**

　大き過ぎる水槽は、水質の維持が難しく、大きな水槽を1台置くよりも小さめの水槽を複数台設置する方が良いでしょう。

　1群に水槽は2台以上で、水槽の長さは1頭当たり10cm以上を目安とします。20頭の群であれば、20頭×10cm＝2mになります。飲み口が2つで水槽の長さが1mの水槽であれば2台置きます。

　水槽の水面の高さは、立つレベルから60〜80cmが目安で、牛の体から求めると前膝よりも上で肩端よりも下のどこかになります。水深は15〜20cmを目安とします。飲水しているときの顔の角度は約60°で、口の深さは水面から4〜5cmほどです(**写真18**)。

　設置位置は通路の端や行き止まりの場所は避け、飲水時に視野を妨げるような壁や目隠し状の物を付けないようにします。

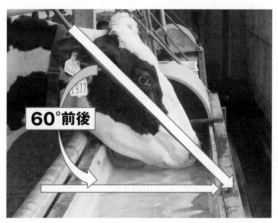

写真18　飲水時の理想的な角度と口の深さ

牛舎構造・レイアウト

第Ⅱ章 成牛の施設・タイストール牛舎

堂腰 顕

本稿のポイント

①タイストール牛舎には、牛床に座って過ごす休息行動と立ち上がって飼槽で飼料を摂取する採食行動をできるだけ制限しない構造が求められる
②牛床の長さは1,750〜1,800mm、幅は隔柵の中心間で1,300mmを推奨
③牛床で座る乳牛を強制的に起き上がらせたときに、1回の頭の振り出し動作で起き上がれない個体が多い場合、タイレールの位置に問題がある

■牛床構造

タイストール牛舎(写真1)は乳牛をチェーンで拘束して飼養するため、乳牛が快適に休息でき、飼槽で制限なく採食でき、起き上がり動作と座る動作を負担なく行えるような構造が求められます(図1)。

【牛床の床面の構造】

タイストール牛舎の牛床の長さは1,750〜1,800mm、幅は隔柵の中心間で1,300mmが推奨されます。牛床の床面にはゴムチップマットレスを設置します。ゴムマットや

写真1 タイストール牛舎

ウレタン系のマットの場合は厚さ3cm以上とするなど、乳牛が快適に休息できる床資材を選択します(図2、3)。

【タイレールの構造】

タイレールは乳牛を拘束するためのチェーンをつなぐ鋼材です。乳牛が起き上がるときに頭を前方に振り出す動作を制限しない位置にするとともに、乳牛が飼槽側に飛び出さないよう調整します。

タイレールの高さは牛が立っている牛床面から1,000mm程度(900〜

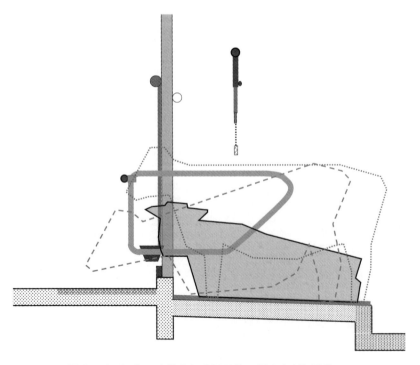

図1 タイストール牛舎における牛の起き上がり動作

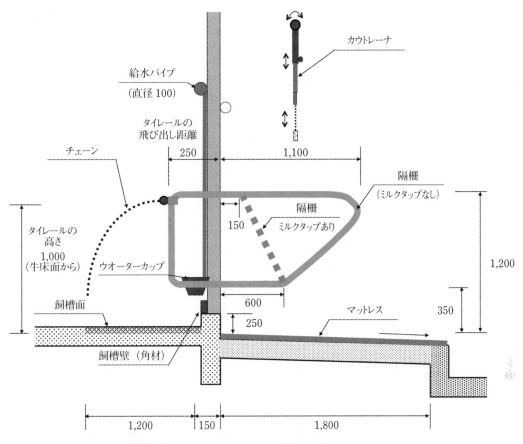

図2 タイストール牛舎の牛床構造(側面、単位：mm)

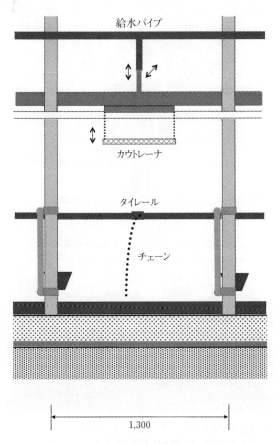

図3 タイストール牛舎の牛床構造(正面、単位：mm)

1,100mmで調整)とします。これは牛床で立ったときに乳牛の目の位置と一致する高さで、起き上がったときに頭がタイレールより前に出ないようにして、後肢を糞尿溝に近い位置に立たせるようにする高さになります。

また、タイレールの飛び出し距離(牛床側の飼槽壁面から端まで)は250mmとし、チェーンの長さは1,000〜1,100mmで調整します。(図2、3)。

牛床に座っている乳牛を強制的に起き上がらせたとき、1回の頭の振り出し動作で起き上がることができない個体が多い場合は、タイレール位置に問題があります。

また、タイレールの位置が低過ぎると、乳牛が立ち上がったときの頭の位置を制御できないため、排せつした糞尿が牛床に堆積しやすくなり、牛体が汚れやすくなります。さらに、座ったままの姿勢、立っ

ままの姿勢が長くなるため、飛節への負荷が増えることにもつながります(**写真2**)。

【隔柵】

隔柵は牛床において乳牛を真っすぐに座らせるためのもので、牛床の両側に設置する必要があります。

片側しか設置しない場合や全く設置しない場合は乳牛が牛床で斜めに座りやすくなり、その結果、糞尿で汚れやすくなる原因になります。

ミルクタップがある牛床間の隔柵は上部レールの長さを短くして、搾乳機械のホースなどが絡まないようにします。また、隔柵の施工方法は、タイレールと支柱に交差金具を用いて3カ所で固定して強度を維持できるようにします(**写真3**)。

【カウトレーナ】

カウトレーナは牛の排せつ姿勢を制御するために使用します。排尿時の牛の姿勢は排糞時に比べて背中を丸めるため、さらに1歩後ろに下げることが目的となります。そのため、前述した牛床の床面の構造、牛床の広さ、タイレールの位置や隔柵構造が適していない場合は、本来の機能を発揮することができません。

適切な設置位置は乳牛の肩の部分から、上方と後方にそれぞれこぶし1つ程度空けた辺りになります。

また、カウトレーナは個体ごとに設定する必要があるため、調整しやすい構造にすることが勧められます(**写真4**)。

【飼槽】

飼槽壁の高さは牛床面から250mm、厚さは150mm以下にします。初産牛など体高が低い乳牛の場合は、飼槽壁に板を追加して飼槽壁を高くし、飼槽側に飛び出さないよ

写真2　タイレールの位置の違いによる頭の位置と牛体の汚れ（左：正しい位置の頭の位置と牛体の状態、右：正しくない場合の頭の位置と牛体の状態）

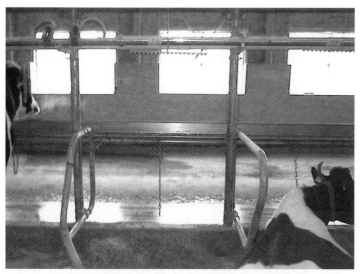

写真3　隔柵（左：ミルクタップがある牛床間の隔柵、右：ミルクタップがない牛床間の隔柵）

写真4　カウトレーナ

写真5　飼槽壁（角材）

うにします。

また、飼槽面は牛床面よりも50～100mm高くします。

さらに飼槽面は幅1,200mm程度で、レジンコンクリートなどにより表面を滑らかにして衛生的にするとともに、掃き寄せや清掃作業を行いやすくします（写真5）。

【給水器】

高泌乳牛への水の給与量や暑熱ストレスの緩和を考慮すると、ウオーターカップ（給水器）は1頭につき1台設置しましょう。給水器の高さは牛床の床資材面から400mm程度とします。

乳牛の飲水速度は18ℓ／分程度であるため、給水器の吐水量は20ℓ／分以上にする必要があります。

また給水設備は、一度に飲水する乳牛の頭数が増加しても吐水量が低下しないよう、給水パイプの太さは100mmとし、配管内に貯水できるようにします。なお貯水槽を設置することも勧められます（68ページ写真6）。

■牛舎のレイアウト

68ページ図4に100頭規模で搾乳ユニット自動搬送装置と自動給餌機を導入する場合のタイストール牛舎のレイアウトを示しました。

この牛舎ではトンネル換気が基本となるため、搾乳室と飼料調製室は空気の流入口側（換気扇を設置しない方）にします（換気構造については119～123ページで解説）。

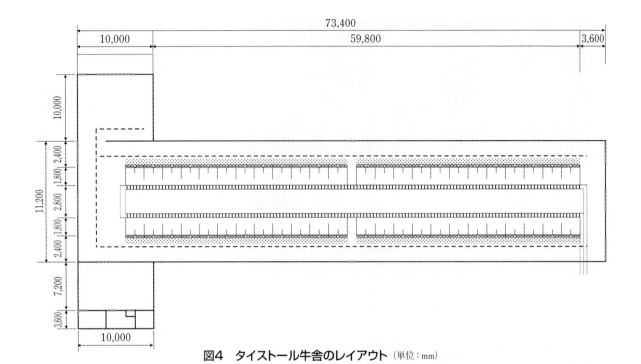

図4　タイストール牛舎のレイアウト（単位：mm）

写真6　給水設備

第II章 牛舎構造・レイアウト
成牛の施設・放し飼い牛舎

堂腰 顕

本稿のポイント
①放し飼い牛舎で乳牛は休息・採食行動を繰り返し行う必要があるため、これらの動作が円滑に行える構造が求められる
②フリーストール牛舎では「ヘッドスペース」と「頭の突き出しスペース」を考慮して牛床のサイズを決定する
③フリーバーンでは乾乳牛で14㎡／頭以上の面積（飼槽側通路を除く）を確保することが推奨される

放し飼い牛舎は休息場所の構造により、フリーストール牛舎とフリーバーンに大別されます。乳牛は休息・採食行動を繰り返し行う必要があるため、牛床には十分に休息できるとともに起き上がりや座る動作が円滑に行えること、飼槽には採食行動が制限されないこと、通路には牛床や飼槽への移動（歩行）が制限されないことが求められます。

■休息場所の条件・寸法 ～フリーストール牛舎

フリーストール牛舎は休息場所に、牛床と呼ばれる牛1頭用のスペースを隔柵で囲んだスペースを設けます。採食場所には飼槽を、そして休息場所と採食場所の間を乳牛が自由に移動できるよう通路を配置します。乳牛は1日の半分以上横たわって休息するため、休息場所として利用する牛床の快適性が重要になります。

【床資材】
牛床表面の床資材は、つなぎ飼い牛舎と同様に乳牛をしっかり休息させるため、できるだけ軟らかく、寝起きのしやすいことも重要です。フリーストールではゴムチップマットレスが適しています（**写真1**）。マットは筒状にゴムチップを充填（じゅうてん）しているため、1頭に1枚ではなく、できるだけ左右の間隔を詰め、厚みが増すように設置して快適性を長持ちさせます。

写真1　ゴムチップマットレス

【牛床の寸法】
牛床の大きさを決めるのは❶乳牛が座ったときに体が床面と接触するスペース（ボディースペース）❷座っているときの頭のスペース（ヘッドスペース）❸起き上がり動作や座る動作を円滑にするためのスペース（頭の突き出しスペース）―の3つになります。

この中で❷と❸のスペースを考慮して寸法を決めることが重要ですが、牛床の長さは牛床の配置の違い（前面が側壁に面した牛床と、前面が通路や牛床に面した牛床）で異なることに留意します。

前面が側壁に面した牛床では、ボディースペース（1,800mm）＋ヘッドスペース（600mm）＋頭の突き出しスペース（400mm）となり、2,800mm以上の長さが必要になります。前面が通路や牛床に面した牛床では、ボ

ディースペース（1,800mm）＋ヘッドスペース（600mm）となり、2,400mm以上の長さが必要です（**図1**）。

このとき、頭の突き出しスペースには起き上がり動作を制限する障害物がないことが前提となります。頭の突き出しスペースに、床からの高さが250mm以上、800mm未満の構造物を設置することは、起き上がり動作を制限するため勧められません。例えば、隔柵固定のための資材、250mm以上の高さのブリスケットロケータ（ブリスケットボード）や堆積した敷料が該当します（**写真2**）。

写真2 牛床前方の障害物

牛床幅は1,200mmとすることが長く続いていましたが、乳牛の快適性から1,250mmとした牛舎も建設されています。

【隔柵】

隔柵は休息場所を1頭ずつの空間に区切り、起き上がりや座る動作を制限せずに、乳牛を真っすぐに座らせるためのものです。多くの種類がありますが、一般的なワイドループ型を基本に解説します。

ワイドループ型隔柵の構造のポイントは、牛が起き上がるとき隔柵の間から頭を突き出す（側方突き出し）ことができるようになっていることです。そのため、下部レールの長さはブリスケットロケータから600mmとします。こうした構造により、牛は真っすぐ座るようになります。また、下部レールの高さ（上端）は床資材面から250mmとし、起き上がり時に隔柵の間から頭を突き出せるようにします。なお、このとき上部レールと下部レールの間隔（中心）

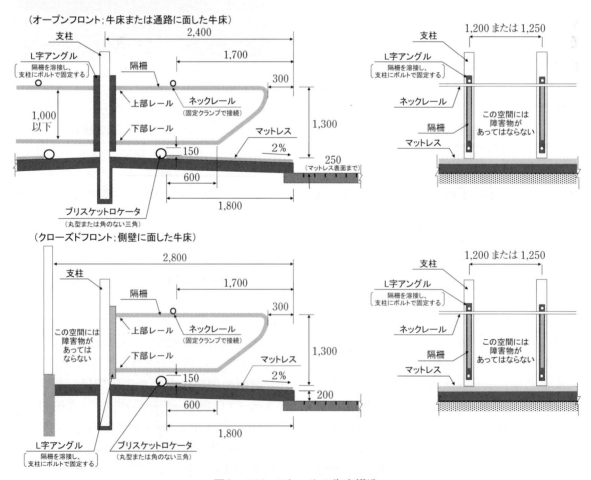

図1 フリーストールの牛床構造
（上段：前面が通路や牛床に面した牛床、下段：前面が壁側に面した牛床）（単位：mm）

は1m以下とし、乳牛が起き上がるときに隔柵の間をくぐり抜けたり、挟まったりするリスクを抑えます(**図1**)。

隔柵の仕様は強度を維持するとともに、乳牛が挟まってしまったときを想定して、取り外しが簡単に行えるようにします。そのため、60mm×60mmのL字アングルに溶接し、アングルを支柱にボルトで固定する方法が適しています(**写真3**)。

写真3　隔柵の固定方法

【ブリスケットロケータ】

ブリスケットロケータの目的は牛床上で座っている乳牛が前に出過ぎないようにすることです。構造は丸形や角のない三角型に成型したプラスチック、面取りした角材を使用し、高さ・幅は150〜200mm程度とします(**図1**、**写真4**)。

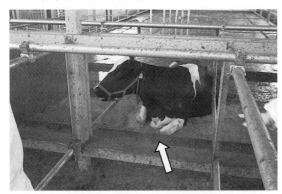

写真4　ブリスケットロケータ

ブリスケットボード(板材)に代わってブリスケットロケータが主流になったのは、牛床で前足を前方に出して座る乳牛や、起き上がるときに片側の前足をブリスケットロケータよりも前方に出す乳牛がいて、板材だと前脚を傷付ける可能性があるためです。

【ネックレール】

ネックレールは乳牛が座る動作のとき前方に出過ぎないようにするとともに、牛床上で立ち上がったとき縁石に立たせて糞尿を牛床に落とさないようにすることが目的です。ネックレールの高さは床資材面から1,250mm、縁石から端までの距離は1,700mmが適当です(**図1**)。また、ネックレールと隔柵の固定で交差金具を用いる場合は、隔柵の強度を保つためU字ボルトを隔柵、かぶせる金具をネックレールに付けて固定します(**写真5**)。

写真5　ネックレールを隔柵に固定する方法

【牛が斜めに座る原因と対策】

フリーストールの牛床で牛が斜めに座るのは、糞尿で汚れていたり飛節が腫れている場合や、牛床前方に障害物があって起き上がり動作が制限されているときに見られます。牛床が短かったり、隔柵構造が適切でなかったりする場合も斜めに座りやすくなります(**写真6**)。

このような状況では、乳牛は座ったまま排せつすることが多くなり、牛床に糞が堆積し、後躯(こうく)や乳房に糞が付着しやすくなると考えられます。また長時間、姿勢を変えることができないと飛節への圧力

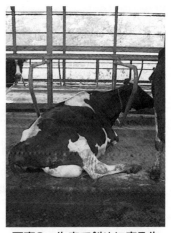

写真6　牛床で斜めに座る牛

が増えて損傷の原因となり、肢蹄疾患につながる可能性もあります。対策として、牛床前方の障害物を除去するなど乳牛の起き上がり動作を制限しない構造に改善する必要があります。

■休息場所の条件・寸法 ～フリーバーン

フリーバーンは休息場所が仕切られておらず、全面に敷料があり、乳牛が自由に休息できます（**写真7**）。フリーストールに比べて牛の自由度は増しますが、敷料の確保や糞尿搬出作業などが負担となります。フリーバーンは体型の変化が大きい乾乳後期牛の施設に適しており、起き上がり動作の負担を軽くすることができます。1頭当たりの休息場所の面積は搾乳牛で10㎡以上、乾乳牛では14㎡以上が勧められています。この面積には飼槽側通路の分は含まれていないことに留意してください。

■採食場所の条件・寸法

乳牛は1日6～9時間、5～7回程度に分けて飼料を摂取します。高泌乳牛ほど多くの乾物摂取量が必要になるため、飼槽構造は採食行動を制限しないようにすることが求められます。

【飼槽柵】

ポストアンドレール：飼槽柵の高さは採食側通路から1,300mm、飼槽壁の採食側通路面からの距離は200mmとします。ただし、初産牛など体高が140cm以下の牛が含まれている場合はこれよりも低くする必要があります（**図2**）。

セルフロックスタンチョン：セルフロックスタンチョン（連動スタンチョン、ヘッドゲートとも呼ばれる）は、乳牛が採食するとき頭を飼槽面に近づけると頸を保定できるため、人工授精や妊娠鑑定、治療が必要な牛群に設置することが勧められます。上部パイプは支柱の採食通路側から200mmとし、前方に傾斜させることによって、採食している牛の肩への負担を小さくします。支点

写真7　フリーバーン

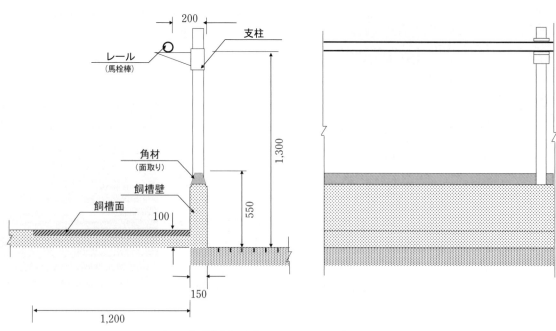

図2　飼槽構造（ポストアンドレール）（単位：mm）

の位置は牛の体格を考慮して飼槽側通路から1,100mmの高さとし、頸が入る開口部の幅350mm、高さ400mm、閉じたときの開口部の幅は200mmとします（**図3**）。

【飼槽壁】

飼槽壁の高さは採食側通路面から550mmとしますが、コンクリートの立ち上げは450mmとし、残りの100mmは面取りした角材を設置することを勧めます。これは、採食中の乳牛の頸への負担を少なくするとともに、後で連動スタンチョンを設置するときに取り外すことができるためです。飼槽壁の厚さは採食行動の制限がないように150mm以下にします（**図2**）。

【飼槽面】

飼槽面の幅は乳牛の採食可能な幅の最大値に相当する1,200mmとします。飼料を食べやすくし掃き寄せ作業や残餌清掃などを円滑に行うため、飼槽面にはレジンコンクリートなどの資材を塗布して滑らかにする必要があります（**図3**）。

■給水場所の条件・寸法

泌乳牛は1日当たり120ℓの水を10〜15回に分けて飲みます。飲水量が制限されると乾物摂取量は低下するため、給水器は全ての乳牛が十分に飲水できる構造にする必要があります。

フリーストール牛舎では、搾乳直後や採食直後に牛群の10〜15％の乳牛が給水器に集まることを想定し、給水器は最低でも1頭当たり10cm以上の幅（25頭ごとに1台）とします。また、給水器の水面の面積は1頭当たり600cm²以上とします。

例えば、1群70〜80頭規模のフリーストールでは10〜12頭の牛が同時に飲水することを想定し、1台当たりの水面の面積は1万5,000cm²（長さ2,500mm×幅600mmに相当）以上となるように、給水器を3台以上設置しなければなりません。

フリーバーンでは休息場所に給水器を設置するとともに、採食側通路から飲水できるようにします。

給水器には飲水のしやすさに加え、牛が集中しても給水器から水がなくならない機能が求められます。乳牛の飲水速度は6〜18ℓ／分であるため、給水器の貯水量は180ℓ以上とし、吐水量は20ℓ／分以上でなければなりません（74ジ**図4**）。

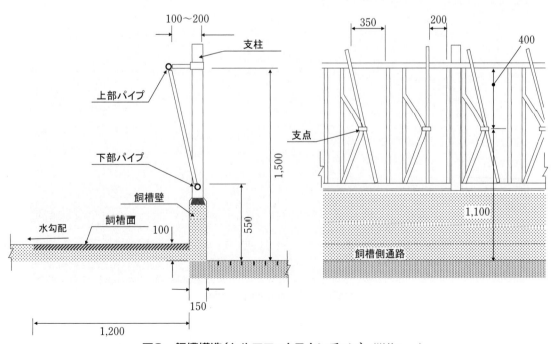

図3　飼槽構造（セルフロックスタンチョン）（単位：mm）

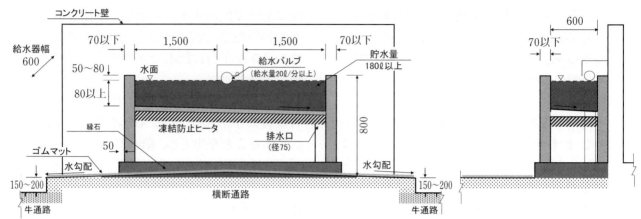

図4　給水器の構造（単位：mm）

■通路の寸法・条件

放し飼い牛舎の通路は乳牛の移動を妨げない幅に設計する必要があります。床が滑りやすいと運動器疾患などの疾病や採食量の低下を引き起こすため、床面は滑りづらい構造にします。

通路は糞尿や水たまりがあると滑りやすくなります。スリップ防止のため、通路は縦溝を除糞方向に向かって施工します（**写真8**）。溝施工により、蹄と溝が接触し、表面も乾きやすくなります。

溝の幅および深さは10mm、溝と溝との間隔は40～75mmにして、表面がかまぼこ状になって溝の角が丸くならないようにしま

写真8　通路床に施工した溝

す。型枠施工よりも、コンクリートカッタで施工するのを勧めます。最近は通路用ゴムマットとバーンスクレーパを設置するフリーストール牛舎が増加していますが、これらについては「搾乳ロボット牛舎」の項（77〜86㌻）で解説しています。

■牛舎のレイアウト

フリーストール牛舎のレイアウトは、給餌通路に対する牛床の列数で分類されます。給餌通路に対して牛床2列が配置されている場合はツーロウ、牛床3列の場合はスリーロウと呼ばれます。ツーロウのうち、互いに頭を合わせる方向で座る場合はツーロウ頭合わせ、通路を挟んで互いに尻を向き合わせる方向で座る場合はツーロウ尻合わせと呼びます。

さらに給餌通路（幅4,200〜5,400mm）を挟むことにより、ツーロウはフォーロウ（牛床4列）、スリーロウはシックスロウ（牛床6列）と呼ばれます。

なお通路幅は、飼槽で採食している牛に必要な幅（1,800mm）、牛がすれ違うために必要な幅（1頭当たり900mm）、牛床を出入りするために必要な幅（1列当たり600mm）を押さえて設計します。

【ツーロウ頭合わせ型】

ツーロウ頭合わせは、他の型よりも1頭当たりの牛舎面積を余計取ります。しかし牛舎側面に牛床側通路があるため、側面の開口部を広く開けられ、風雨吹き込みの敷料への影響や冬季の冷気による牛への影響が少なく、換気を重視したレイアウトといえます（**図5**）。

【ツーロウ尻合わせ型】

ツーロウ尻合わせは、牛を採食側通路と休息側通路に完全に分けられるため、搾乳や除糞などの際の牛群の移動に便利な構造です。しかし飼槽側通路に比べて牛床側通路に排出される糞尿や敷料が多くなる欠点があります（76㌻**図6**）。

【スリーロウ型】

スリーロウはツーロウに比べて1頭当たりの面積が小さいことが利点ですが、飼槽側通路の幅はツーロウ牛舎に比べて狭いため、飼養密度の影響を受けやすいのが欠点です。牛舎の間口の幅が広がるため、換気にも配慮する必要があります（76㌻**図7**）。

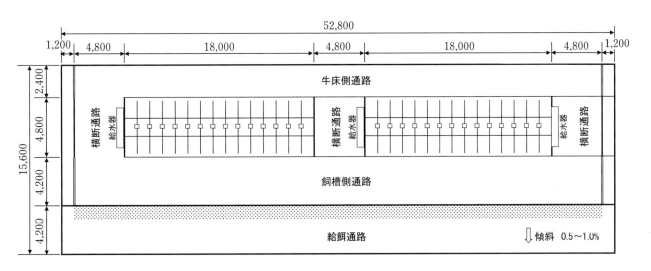

図5　フリーストール牛舎（ツーロウ頭合わせ）（単位：mm）

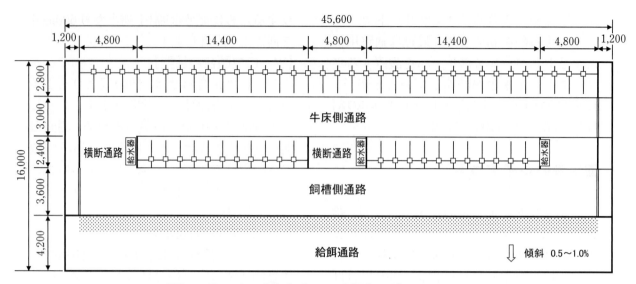

図6　フリーストール牛舎（ツーロウ尻合わせ）（単位：mm）

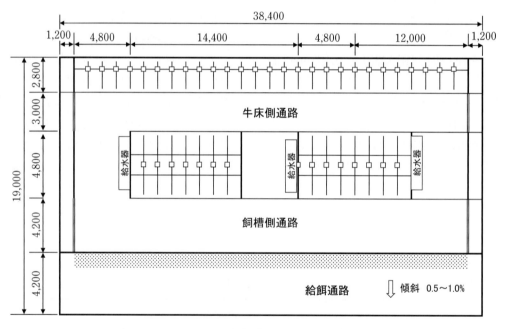

図7　フリーストール牛舎（スリーロウ）（単位：mm）

第Ⅱ章 搾乳ロボット牛舎

牛舎構造・レイアウト

堂腰　顕／森田　茂

　本稿では搾乳ロボット牛舎に求められる施設の条件や構造・レイアウトと、搾乳ロボットから得られるデータに基づく有効利用の要点について、2つの節(牛舎の基本構造・レイアウト編、有効利用のノウハウ編)に分けて解説します。

基本構造・レイアウト編のポイント
①ロボット搾乳牛舎にはロボット搾乳不適応牛の飼養管理と搾乳を行う施設を配置する必要があり、搾乳ロボットには施設への移動を軽減できるレイアウトが求められる
②分娩牛などのための管理エリアを併設することで、分娩牛の監視作業が軽減できるとともに、分娩後、ロボットに順応させやすくなる

■牛舎レイアウト

　搾乳ロボット牛舎で高泌乳牛群を飼養するには、より快適なフリーストール環境が求められます。搾乳ロボット牛舎がミルキングパーラ方式と異なる点は、牛舎内に搾乳ロボットが設置されていることだけで、特別な構造ではありませんが、他の施設への移動に関連した留意事項が幾つかあります。

　搾乳ロボットの導入は作業の省力化が目的ですが、ロボットで自動搾乳できない乳牛(搾乳ロボット不適応牛)や疾病牛が存在することに留意しなくてはなりません。そのため、搾乳ロボット牛舎の他に、不適応牛の飼養管理と搾乳を行う施設を配置する必要があります。一方の搾乳ロボットには施設間の乳牛の移動作業を軽減できるレイアウトが求められます。

　図1に既存のつなぎ飼い牛舎を搾乳・飼

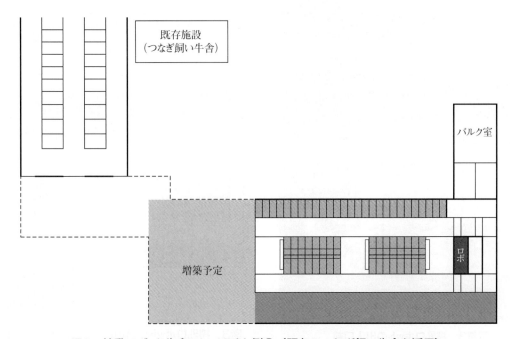

図1　搾乳ロボット牛舎のレイアウト例①（既存のつなぎ飼い牛舎を活用）

養施設として活用し、ロボット牛舎を併設するレイアウトを示します。不適応牛の飼養施設とパーラ(**写真1**)をロボット牛舎に配置するパターン(**図2**)もあります。**図3**は分娩牛などのための特別管理エリアを併設したレイアウトです(**写真2**)。これにより、分娩牛の監視、分娩後の搾乳ロボットへの馴致(じゅんち)および搾乳作業が軽減できます。

搾乳ロボット牛群のエリアについては、搾乳間隔が長引いた牛の追い込み作業を円滑に行うために、ロボットの出入口前のスペースを十分に確保する必要があります(**写真3**)。

写真1　搾乳ロボット牛舎に併設したアブレストパーラ

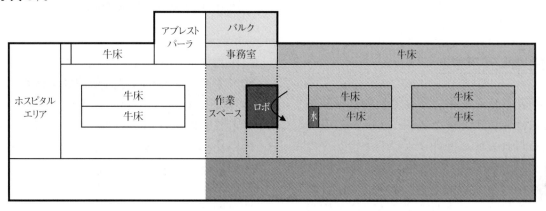

図2　搾乳ロボット牛舎のレイアウト例②（1台＋アブレストパーラ）

写真2　搾乳ロボット牛舎に併設した特別管理エリア

写真3　搾乳ロボットの出入口前

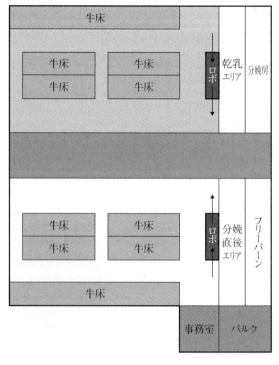

図3　搾乳ロボット牛舎のレイアウト例③（2台導入、分娩エリアなど併設）

■通路床の構造

　肢蹄疾患が増えると、ロボットを訪問する回数が減少するため、肢蹄への負担を最小限にする構造が求められます。特に、スリップによる転倒事故を防ぐとともに、趾(し)皮膚炎などの病原菌の発生を抑えるために、床面をできるだけ乾燥させることが不可欠になります。通路床の構造は一般的なフリーストール牛舎(69～76ページ)と同様ですが、搾乳ロボット牛舎は通路を自動的に除糞するバーンスクレーパの導入が前提となり、より確実な除糞管理が求められます。除糞が不完全な場合、趾皮膚炎などの原因となる蹄への糞の付着が促進されるため、スクレーパの点検・調整が重要です(**写真4**)。

写真4　バーンスクレーパによる不完全な除糞の例

　スクレーパを点検する際は、通路用ゴムマットにも注意します。ゴムマットは牛の肢蹄の負担を低減することに役立ちますが、時間が経過すると伸びて、表面に凸凹ができたり、破れたりします。これらがスクレーパによる除糞に悪影響を及ぼす恐れがあるため、ゴムマットの伸びた部分はすぐに調整しましょう。

■換気構造

　搾乳ロボットを牛舎内に設置すると、牛舎内の空気の動きが抑制され、その対応が課題になります。換気構造(119～123ページ)については一般的なフリーストール牛舎と同様の方式が基本となります。

　寒冷地の場合、冬季は引き戸やカーテンなどから入る隙間風を遮断できる構造にして、ロボットに直接冷気が当たらないようにするとともに、エアカーテンや赤外線ヒータを設置して凍結を防止します。なお、凍結を心配して軒や棟の開口部を閉鎖する設計にすると、換気不足により牛舎内の空気の流れが悪くなり、クモの巣や結露が発生しやすくなるため、適当ではありません(**写真5**)。

写真5　換気が不十分な牛舎の天井

■肢蹄の健康に配慮した　　カウトラフィックに

　搾乳ロボットへの自発的な進入を促進するため、牛舎内に選別ゲートやワンウエイゲートを設置して、牛舎内の乳牛の移動を制御するカウトラフィックを採用する事例があります。制御型カウトラフィックには乳牛の進入回数を安定させる利点がありますが、牛の採食行動を制限することが欠点です。特に通路床や換気の構造が不適切な場合など、肢蹄の環境が悪化すると、牛の自発的な歩行の障害となり、生産性は大きく低下します。

　牛舎内の採食場所である飼槽と休息場所である牛床の間を円滑に移動させるためには、飼槽では高品質な粗飼料を与え、乳量に応じた飼料設計を行い、牛床には清潔で乾燥した敷料をたっぷり入れます。なお制御型カウトラフィックを採用する場合も、

ツーロウやスリーロウなどの牛床配列、横断通路の幅や給水器の配置などの基本的な構造は一般的なフリーストール牛舎と全く変わりません（**写真6**）。

【堂腰】

写真6　横断通路における一方通行のゲート設置例（カウトラフィック方式）

有効利用のノウハウ編のポイント

①自動搾乳システムは乳牛の移動性の確保が重要になる。牛舎のタイプによって乳牛がロボットを訪問するモチベーションは異なるが、これらの理解も大切である
②搾乳ロボットを連続稼働する場合、乳牛行動の日内分散化がシステム運営を向上させるカギになる
③想定する搾乳回数を実施するためには、一定の通過回数を含むロボット訪問が必要になる。ただし訪問パターンには個体差があり、短過ぎる間隔での搾乳は乳質に悪影響を及ぼす

■単方向移動型も自由往来型も牛の移動能力が大切

自動搾乳は既に技術化されていたティートカップの自動離脱に加え、自動装着を目的に開発されました。従って、飼養方式（つなぎ飼い・放し飼い）にとらわれず、酪農場の作業の約半分を占める搾乳の省力化のために有効です。実際、搾乳関連作業が40％程度まで減少したとの報告もあります（**表**）。

自動搾乳技術が開発され、搾乳ロボットが牛舎内で連続稼働し、そこに牛が自ら訪問するようになり、牛舎に対する考え方は大きく変わります。搾乳関連作業として残った40％は、主に搾乳ロボットを自ら訪問しない牛の誘導なので、作業の質を考えれば、負荷は軽くなったと考えられます。自らロボットへ進入する牛が多くなれば、労働時間はさらに短縮します。

ロボットへの積極的な進入を促進させるため、休息エリアと基礎混合飼料（PMR）採

表　自動搾乳システムが日本に導入された当時の作業時間比較

	パーラ方式	自動搾乳方式
	（分／日）	
飼料給与・飼槽掃除	34	5
牛舎内清掃（敷料補充など）	31	46
搾乳のための作業（牛の誘導など）	260	108
コンピュータ操作	0	20
合計時間	325	179

・自動搾乳システムには、基礎混合飼料の自動給餌機を含む
・両システムとも除糞に自動スクレーパを利用
・60頭規模の作業時間に補正し、平均値を求めた
・搾乳のための作業には、実際の搾乳時間以外に、牛の誘導作業を含む

食エリア(飼槽)の間にロボットを配置し、飼槽から休息エリアへ向かう移動はできない、いわゆる単方向移動型と呼ばれる牛舎が開発されました。物理的に単方向のみ移動可能なゲート(ワンウエイゲート)が利用されます。この単方向移動型牛舎は改良が加えられ、2種類の移動方向を持つ牛舎として発展します(移動経路制御型牛舎、図4)。

一方、従来のパーラ方式と同様、移動経路を制御しない牛舎(自由往来型牛舎)も、自動搾乳システムでは用いられています。それぞれの牛舎における乳牛が搾乳ロボットを訪問する仕掛けは次の通りです。

従来の放し飼いシステムでは、乳牛は基本的に休息のため牛床(ストール)へ移動し、採食のため飼槽へ移動します。従来のパーラ方式のように、定時刻に全ての牛を搾乳する方式では、牛群は管理者により、強制的に移動させられていました。搾乳ロボットを用いた連続稼働型システムでは、一部の誘導が必要な牛を除いて、乳牛は自ら搾乳場所を訪問します。すなわち第一に、自動搾乳システムではどの牛舎内移動方式であっても、乳牛の移動能力がとても大切であるということです。蹄や肢の健全さは、放し飼い牛舎にとっていつも課題になることです。濃厚飼料多給により蹄の疾患が多発するとの見解もありますが、歩行時の床の硬さが直接影響しているとした見解もあり、単に歩きやすさだけではなく、施設としての通路床の適切さも、乳牛の移動能力確保に大切になるでしょう。

■牛舎タイプ別のロボット訪問の動機

そうした移動能力の健全さを確保した上で、牛に搾乳ロボットを訪問させるモチベーションの理解が重要になります。モチベーションとは行動を発現するきっかけのことで、「動機付け」とも呼ばれます。動機付けには、採食・飲水や休息などを欲する恒常性維持の動機付け、生殖などに関する動機付け、好奇心のような内発的動機付け、好きなものを選ぶ情動的動機付け、さらに他者との交流である社会的動機付けの5種類があるとされています。

ロボットを訪問するモチベーションは、ロボット内で給与される濃厚飼料の採食で、これには食欲と濃厚飼料が好ましい餌であるということが関連しています。従って、別に自由に採食できる飼料でおなかがいっぱいになったり(PMRの栄養濃度が高い)、濃厚飼料よりおいしい、例えば良質な放牧地草が採食可能であったり(放牧利用の自動搾乳システム)すると、ロボットへの訪問頻度は極端に低下します。また、あまり賛成はできませんが、飲水場所を搾乳ロボット近くに限ることでも、飲水欲求を満たすために牛の搾乳ロボットへの訪問は増加します。

自由往来型牛舎では濃厚飼料による動機付けが最も重視されます。このため、ロボット内での濃厚飼料の質や量はとても大切です。濃厚飼料の自動給与装置を牛舎内の別の場所に設置し、1日当たりの濃厚飼料を分割して給与してしまえば、搾乳ロボットへの訪問は減少するでしょう。幾つかの農場データを組み合わせると、自由往来型牛舎では、牛群平均で1日1頭5kg以下の濃厚飼料給与では、平均進入回数は少なく推

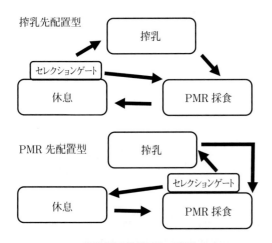

図4 移動経路制御型の移動方向
セレクションゲートでは移動方向を選別し、その他の移動経路はワンウエイゲートで固定されている

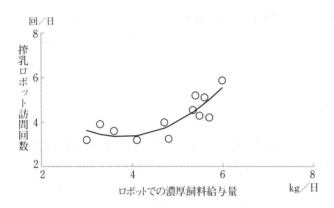

図5 自由往来型牛舎での搾乳ロボット内での濃厚飼料給与量（日量、平均値）とロボットへの乳牛の訪問回数

5kg以上の濃厚飼料給与で、乳牛の訪問回数は増加する。濃厚飼料給与量増加のためには、基礎混合飼料の設計管理が重要となる

移するとの報告があります（図5）。自由往来型では、PMRの栄養濃度を低く設定して、各牛の乳量に対応する栄養補給をロボット内の濃厚飼料で行います。

このような濃厚飼料給与が牛をロボットへと誘導する仕掛けを、飼料給与のアクティブ化と呼ぶことがあります。自由往来型における乳牛のロボット訪問のポイントは飼料給与の工夫にあり、調達できる粗飼料の質や量により影響されるため、システム運用の難しさはあります。しかし、移動経路を制限しませんので、ワンウエイやセレクションといったゲートシステムは基本的に必要なく、牛舎設計の自由度は増すことになります。

例えば、飼槽に対し牛床列が3列の、いわゆるスリーロウは1頭当たりの牛舎面積が小さくて済みます。自由往来型では、3列牛舎を活用することが多く見られます。3列配置牛舎では、PMRを給与する飼槽に牛床と同数の乳牛が同時に採食するスペースを確保できません。しかし後述する、搾乳の日内分散化（特定の時刻に行動が偏らない）があれば、同時採食頭数は減少するので、採食量低下の原因とはならないと考えられています。

もちろん、搾乳ロボットへの進入を乳牛に躊躇（ちゅうちょ）させるような施設・設備的障害はできる限り排除します。搾乳ロボット前のスペースはできるだけ広く取り、段差はできるだけなくし、2台の搾乳ロボットを1群で利用する際には、両者をできるだけ近くに配置するなどといった工夫が必要です。さらに牛群には社会的関係があり、劣位の個体でも時刻をずらし利用できるよう、ロボット利用の日内分散化や、搾乳ロボットの空き時間（フリータイム）の確保が必要です。搾乳ロボットの稼働時間や1日当たりの搾乳回数は、こうした「搾乳ロボットの混み具合」の指標になるでしょう。

1台当たりの飼養頭数が50頭付近で、ロボットへの訪問回数が最も多くなるという報告があります（図6）。これも、少ない搾乳機を1日中稼働して、牛群内で共有する自動搾乳システムの特徴といえるでしょう。本来的には良くないことですが、一時的に、牛群頭数が60頭を超えるような規模になってしまった場合は、設定する搾乳回数を少なくすることで、ロボットの運用を円滑にすることができます。これは1回当たりの搾乳量が増加すると、搾乳速度が上昇するためです。ただ、牛床数以上の乳牛を飼養することは、アニマルウェルフェア的にも問題があるし、ゆっくり休息できないと、牛乳生産量は低下するので、基本的には頭数的に余裕のある牛群規模にすることが推奨されます。

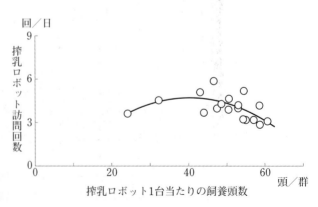

図6 搾乳ロボット1台当たりの飼養頭数と搾乳ロボットへの乳牛の訪問回数

■移動経路制御型は訪問回数のばらつき小さい

　自動搾乳システムでの生乳生産量は、1台当たりの搾乳回数でほぼ決定されます。ロボットでの搾乳1回当たりの搾乳量を12kg程度とすれば、1台のロボットで1日2,400kgの搾乳量を得るには、1日200回の搾乳が必要になります。こうした多回の搾乳回数を達成するためには、ロボットへの訪問回数を多くする必要があります。

　自動搾乳システムでは乳牛がロボットに訪問するたびに搾乳が実施されるわけではありません。前回搾乳からの経過時間が、管理者が設定した以上になれば、ユニットが動き搾乳されます。この搾乳間隔（予測乳量）は理論的には、個体ごとに設定可能ですが、実際には、初産牛と経産牛のように産次別に設定することが多いようです。

　牛がロボットを訪問しても搾乳されない回数は通過回数と呼ばれています。搾乳間隔時間は搾乳までの最短時間であり、牛の訪問によって実際の搾乳間隔は変化します。設定した搾乳間隔が短いほど、両者の差は大きくなります。

　つまり、短い間隔での搾乳を期待して、高い搾乳回数を目指すためには、十分な訪問回数の確保が必要になり、ロボットへの訪問回数が少なければ、管理者による誘導が必要な（牛追い）乳牛頭数が多くなり、作業時間は長くなってしまいます。一定回数の通過利用が安定的な搾乳ロボット運用の目安となります。搾乳時間の短縮だけでなく乳牛が通過利用する時間の短縮も、自由往来型牛舎での搾乳ロボット利用上のカギとなります。

　牛舎を仕切り、移動経路を制限したレイアウトにすることで、乳牛が「休息したい」「PMRを採食したい」などのモチベーション持つようになり、それをロボット訪問に活用することができます。

　例えば搾乳先配置型牛舎では、休息→搾乳ロボット→PMR採食の、牛の移動順であるので、PMRを採食する欲求がロボットを訪問するモチベーションに加わります。またPMR先配置型牛舎での牛の移動順序は、休息→PMR採食→搾乳ロボットとなっているので、休息欲求とPMR採食欲求が、いずれも牛がロボットを訪問するモチベーションに加わります。訪問のモチベーションが多いことから、移動経路制御型での搾乳ロボット訪問回数は、自由往来型に比べ多くなるといわれています。併せて、牛群内での個体ごとの訪問回数のばらつきは、移動経路制御型で小さいともいわれています（図7）。

　ただし移動経路制御型の牛舎では、各エリアに仕切る必要性から、牛舎レイアウトには制限があります。すなわち、従来の頭合わせ配置の2列牛舎や3列配置牛舎では、PMRを給与する飼槽側に牛床が開口するため、休息エリアと完全に仕切ることができません。こうした牛舎を移動経路制御型で採用すると、何頭かの牛に対し、経路を制限しロボットへの訪問を促進させる効力を生かせなくなります。

　自由往来型であっても、人工授精や治療のために搾乳直後に個体を選別するセレクションゲートを用いることがあります。また自動搾乳システムで放牧を活用するシステムでは、牛舎内移動方式によらず、牛舎と放牧地間の出入り口には、ワンウエイゲートやセレクションゲートが用いられることがよくあります。

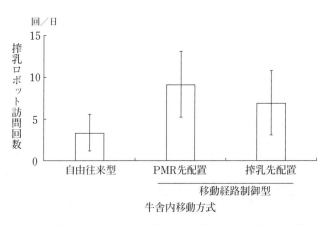

図7　移動方式ごとの1頭当たりの搾乳ロボット訪問回数

写真7 搾乳待機のためのスペースは広く取り、乳牛の自由度を高める

■待機場の密度は
　あまり高くならないように

　自動搾乳システムのうちロボットを連続稼働させるシステムでは、搾乳ロボット利用の日内分散化が工夫したいポイントになります。朝夕に牛を待機場に集め搾乳することは、牛の日内生活パターンの集中化を助長しています。定時刻搾乳ではない自動搾乳システムにおいては、飼料給与および餌寄せ作業などがロボット訪問の日内パターンを決めています。

　移動経路制御型では、一定時刻に搾乳や乳牛のロボット訪問が偏在する傾向があります。この傾向は放牧地を利用する場合も同様です。搾乳の実施やロボットへの訪問のみならず、各セレクションゲートの通過回数や時刻が解析できれば、個体ごとの移動性や滞在位置などが推定できるようになるでしょう。将来的には、誘導が必要な牛の発見、個体ごとの活動性の把握のために、各牛の滞在位置をリアルタイムで表示できるシステムが普及すると考えています。

　ロボットの手前に待機場をつくるケースは移動経路制御型でよく見られます。待機場にはロボットから退出した牛も滞在することがあります。従って、パーラ搾乳方式の待機場とは異なり、滞在時の密度はあまり高くしないように設計します（写真7）。設置した待機場あるいは自由往来型での待機スペースでの混雑を避けるためにも、搾乳はある時刻に集中させるのではなく、幅広い時刻に分散化させる必要があります。

　日内進入パターンの研究によれば、訪問回数やパターンには個体差が大きく、乖離（かいり）を見込んだ搾乳回数（間隔時間）設定を行うと、個体によっては頻回過ぎる搾乳が行われることがあるようです。頻回過ぎる搾乳は、乳質に悪影響を及ぼすことがあるので注意が必要です。

　搾乳ロボットにはシングルタイプと呼ばれる全ての搾乳ボックスに自動装着装置が装備されるもの、複数の搾乳ボックスで自動装着装置を共有するマルチタイプと呼ばれるものがあります。シングルタイプのロボットを1群に2台設置する形態が、規模の大きな酪農場では一般的となりました。さらに2台1群ユニットを複数ユニットで導入することで、巨大な酪農場が形づくられます。

　1群当たりのロボットの数は利用する乳牛頭数によって変化しますが、あまりにも規模の大きい牛群は、牛床数の増加から、搾乳ロボットまでの距離が大きく延長してしまうことになります。また現在の技術では、大き過ぎる牛群は牛追い作業や人工授精、治療などの措置に必要な牛の発見にも労力を要することになります。

　2台1群利用の搾乳ロボットでは、それぞれをできるだけ近くに配置し、2台のロ

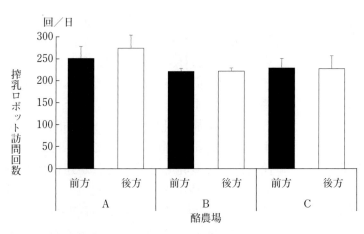

図8　自由往来型牛舎における2台1群（タンデム型配置）でのロボット位置と1日当たりの訪問回数
この3戸の酪農場では前後の利用回数に差はほとんどない

ボット間で搾乳量や搾乳回数に差がないようにします（図8）。牛によっては、一方のみしか利用しない個体もいますが、牛群として利用率に差がなければ問題にはなりません。しかし、一方のみ利用する牛の比率が高くなれば、「2台あることで一方が利用されていても、もう一方が空いていれば利用できる」という利点が十分生かせなくなるので、できるだけ両方を均等に利用するよう工夫します。

■ロボットで得られるデータの有効活用を考える

　自動搾乳システムでは、乳牛のロボット訪問が搾乳実施の最初のステップになります。ロボット内で与える濃厚飼料が乳牛のロボット訪問のモチベーションとなりますが、その反応は個体ごとに異なります。例えば、ロボットで給与される濃厚飼料（時として他の牛の食べ残しの濃厚飼料）を求め、ひたすら牛舎内を「ぐるぐる移動する」状況が、何頭かで発生します。このような訪問を繰り返す牛は、ロボットの利用法を未経験の牛が社会的学習を通じて習得する際には役立つ手本にはなります。しかし、通過だけでも搾乳ロボットやセレクションゲートなどを過度に利用するのは、有効利用の観点から、好ましいとはいえません。

　1日当たりの訪問回数だけでなく、自由往来型におけるロボット訪問パターンにも、乳牛ごとに特徴があることが分かっています。濃厚飼料という報酬への「ハマリ」具合により、PMRの採食や牛床での休息といった生活上の他の活動との組み合わせが、異なってきます。牛にも人にも良い、機械の利用性も高い搾乳ロボットのパターンは、搾乳されるはずのない（基準に達していない）前回搾乳直後にはロボットを訪問せず、いよいよ「搾乳される許可が出る」ころに積極的に数多く訪問するパターンでしょう。

　ただ、こうした理想的パターンではなく、前の搾乳からの経過時間にかかわらずロボットを訪問する牛や、搾乳間隔内で一時的に訪問が活発となるものの、訪問時期が早過ぎて搾乳に結び付かない牛がいるようです。残念ながら、こうした個体ごとの訪問パターンの違いが、遺伝的に決定するのか、育成時期からの学習によるのか、搾乳時の飼養環境によるのか、は全く分かっていません。どの牛が、どういったパターンでロボットを訪問しているのかを自動で解析して、その牛の個性として保存し、自動搾乳システムに適する牛への改良や、育成方法の確立が、今後は必要となるでしょう。

　搾乳が自動化され、搾乳時刻や乳牛の訪問の記録が残ることで、乳牛には個体差が大きいことが分かってきました。自動搾乳システムの円滑な運用を目指す段階では群単位での管理でよかったものが、より生産性の高い活用（精密酪農）を目指すため、反すう活動の情報や採食情報、横臥（おうが）休息の情報なども取り込み、搾乳についての個体ごとの情報とそれに基づく管理が必要となりつつあるようです。

　例えば、管理者が気になる個体特性に乳牛ごとの搾乳周期があります。1日当たりの搾乳回数は、1週間程度の平均から、管

理者は個体ごとにも、群単位でも確認することが可能です。ただし、通常こうした情報には、搾乳間隔ごとのばらつきは含まれていません。1日3回搾乳とは、搾乳間隔が8時間の等間隔の場合もあるし、8、9、7時間間隔のような不等間隔の場合もあります。等間隔なのか、不等間隔なのか、不等間隔の場合には、どの程度、搾乳間隔に差があるのかという情報は、搾乳回数の増加で、乳量を増やす効果を期待する飼養管理で重要です。

1週間全ての搾乳間隔時間を個体ごとに求め、その変動係数(標準偏差÷平均値×100)から「週間CV」と呼ばれる数値を求め、乳牛ごとの特性や推奨される数値を提唱した研究もあります。搾乳間隔時間は、管理者による搾乳設定と乳牛の自動搾乳への訪問により決定するため、こうした情報がコンピュータ上で日常的に管理可能になれば、牛舎内の施設計画も含め飼養管理全般と連動した指標となるでしょう。

■搾乳間隔時間短縮による風味異常に注意

一方で、増乳効果を求め配慮なく搾乳回数を増加することについては、乳質との関係で、強く警鐘が鳴らされています。搾乳された牛乳は意外ともろく、搾り方や処置の方法を無配慮に行えば、風味などが簡単に変わってしまいます。1日当たりの搾乳回数が増加して、搾乳間隔時間が短縮すると、牛乳中の乳脂肪が分解され、その分解産物である遊離脂肪酸(FFA)の乳中濃度が高まり、風味異常の1つであるランシッドの発生が危惧されます。

自動搾乳システムの普及で、労力を増やさずに搾乳回数の増加が可能になりました。これにより、個体ごとの搾乳状況を気にせず、より多い搾乳回数を追求できるようになりました。しかしロボットで3回搾乳した場合、パーラ方式による3回搾乳(8時間間隔)の値より、FFA値が高くなるともいわれており、単なる回数だけではなく、搾乳間隔時間の変動による乳質への影響が懸念されます。

搾乳の実施は乳牛のロボット訪問に依存するため、同じ個体であっても1日内での搾乳間隔は変化します。これが連続稼働型システムの特徴です。例えば、平均搾乳回数が1日3.9回の牛群の搾乳間隔時間の分布と、搾乳回数を3.2回にまで減少するよう搾乳実施基準を変更したときの間隔時間の分布を比較すれば、平均間隔時間の延長だけでなく、間隔時間が6時間以下での搾乳割合がほとんどなくなるという変化を見ることができます。

こうした短い時間で搾乳される割合の高い牛群設定はあまり考えられません。しかし自動搾乳システム導入直後は、乳牛馴致用に設定することがあります。こうした搾乳基準は、乳牛がシステムに慣れた後には適切な設定に戻して、「多過ぎる」搾乳回数、短い間隔での搾乳を防ぐことが大切です。

自動搾乳システムでは、これまで間隔時間が長過ぎる乳牛を牛追い作業するためのアラームを表示していました。乳質のことを考慮すれば、短い間隔で少ない量での搾乳の割合をコンピュータ上に表示させ、管理者は搾乳基準変更を通じて、こうした風味変化を伴う可能性のある搾乳を未然に防ぐことも必要になるかもしれません。

従来の搾乳方式に比べ、自動搾乳システムの優れたところは、センシングで得られた情報を蓄積し、将来的にはAI(人工知能)を利用して、人間の判断補助を行えるところにあります。自動搾乳システムでの飼養管理判断に、乳質変化に関する情報を加えて運用することは、従来の搾乳方式での乳牛飼養管理においても、その方法の洗練化につながるでしょう。

【森田】

牛舎構造・レイアウト

第Ⅱ章 糞尿処理施設

高橋 圭二

本稿のポイント
①糞尿は自家製肥料として、草地、飼料畑に散布し循環利用を進める
②堆肥処理では、水分調整資材を十分に混合して処理開始水分を70％以下にする。堆肥舎の面積は乳牛頭数、糞尿量、発酵開始時水分などから計算できる
③スラリー処理では、ばっ気やメタン発酵で臭気を低減した液肥を生産することが必要

　牛舎を設計するときには、乳牛の快適性に気を配るだけでなく、乳牛を飼うことで必ず発生する糞尿と、牛乳や糞尿の混ざった牛舎排水についても配慮しなければなりません。家畜排せつ物法にのっとった管理をすることが必要ですが、糞尿を適切に管理しないと、環境汚染を招くリスクが高まり、地域の中で健全な酪農経営を行うことができなくなります。本稿では堆肥処理や液肥処理、臭気対策などを概説します。

■糞尿処理の基本的考え方

【処理法の選択】

　乳牛糞尿は堆肥化や液肥化により、肥料として利用することができます。肥料として牧草地や飼料畑に散布して、自給飼料として栽培・収穫することで、糞尿の循環利用が可能になります。糞尿を経営内で循環利用するのが理想的ですが、都府県では牧草地を含む飼料畑の所有面積が少なく、糞尿全量を経営内で利用することは難しいのが現状です。近隣農家で利用してもらうことが必要で、そのためにはしっかりとした処理が必要となります。それでも、家畜頭数が多く糞尿があふれる場合には、浄化処理をすることになります。ここでは、畑に還元して肥料として利用するための処理方法を取り上げます。浄化処理には触れません。

　糞尿処理法は飼養形式（つなぎ飼いか放し飼いか）、敷料の使用量、そして牛舎から排出される糞尿の状態で決定されます。特に排出時の糞尿の状態は基本的な処理体系を決める重大な要素になります。

　つなぎ飼い牛舎で敷料をたっぷり使っている場合、敷料混合の搬出糞尿は水分も低く、高く積み上げられ、堆肥化が可能です。フリーストール牛舎で敷料の使用量が少ない場合は、液状の糞尿（スラリー）となります。つなぎ飼い牛舎で敷料が少ない場合や、フリーストール牛舎で敷料がやや多い場合は、積み上げることもポンプで撹拌（かくはん）することも難しい半固形状の糞尿（セミソリッド）となり、処理が非常に困難になります。飼養方式と糞尿処理方式の詳細は後述します。

　現状の糞尿処理に問題がある場合、排出時の糞尿状態はそのままにして、処理方法によって問題を解決しようとすると過剰な処理施設になる可能性があります。この場合、飼養頭数の見直し、敷料の種類・使用量の変更、固液分離機の利用などにより、排出時の糞尿の状態を変えることで適正化が図られる可能性があります。排出時の糞尿の状態に合わせた処理方式とするか、処理方式に合わせた飼養管理とするか、両面から検討して最も適切な対応方法を見つけてください。

【1頭当たりの糞尿排せつ量と水分】

　乳牛が排せつする糞尿量は2産以上の成牛で糞51.4kg／日、尿13.0kg／日で合計

64.4kg／日になります(**表1**)。水分の割合は糞で84％、尿で98％程度、糞尿混合物で約87％になります。乳量が増えると糞尿量や水分割合は増加します。糞尿の処理・貯留施設を設計するときには、この糞尿量を基に設計する必要があります。

スラリー糞尿は水分割合の増加(乾物割合の低下)とともに粘度が低下します。それによって、ポンプでの圧送や固液分離機での分離がしやすくなります。

また、糞尿を混合したスラリーは十分攪拌することで貯留中でも分離することはありませんが、雨水や牛舎排水などで薄められると、十分攪拌したスラリーであっても固液の分離が始まります(**写真1**)。分離して上部で固まった物をスカムと呼びます。

スカムは臭気の拡散を防ぎますが、散布するとなると攪拌に時間がかかり作業量が増えてしまいます。スカムが発生しないのは約30％までの加水量で、それ以上だと糞尿が複数層に分離します。スラリー糞尿の取り扱い性を改善するために加水した場合は、常時攪拌を繰り返すか、固液分離機で固形分と液分を速やかに分離する必要があります。

敷料の種類によって、混合物の水分割合は大きく変わります。堆肥処理のための水分とは麦稈やオガ粉、もみ殻などを敷料に使ったときの水分割合を指します。敷料に砂など比重の重い資材を用いたときには水分割合は一気に低下し、糞尿混合物の性状も全く異なるので注意が必要です。

【糞尿貯留施設の配置】

牛舎内で糞尿処理経路と乳牛の移動経路や給餌作業経路が交差しないよう注意するのはもちろんですが、農場全体でもこれら

写真1　水を混合したスラリーの分離状況

が交差しないよう施設の配置には注意します。特に、「外部から農場に出入りする配合飼料運搬車、集乳車と農場内の糞尿移動経路」「飼料収穫・調製・混合作業時の経路と糞尿移動経路」をチェックし、経路が交差しないよう変更します。糞尿散布時には貯留施設への出入りや散布機の移動経路についても確認します。

また、糞尿貯留施設と住宅との位置関係も、夏冬の風向きを考えて配置します。既に両者の位置関係が悪い場合は、貯留施設を防風ネットなどで囲って臭気が直接住宅の方向に流れるのを防ぎます。住宅の間に樹木や緑地を配置すると臭気を和らげることができます。

■**飼養方式と処理方法**

乳牛の飼養方式(つなぎ飼い、フリーストール)と敷料使用量ごとに牛舎から搬出される糞尿の状態と、それに対応した基本

表1　乳牛の1日当たりの糞尿排せつ量

生育段階	糞 (kg)	尿 (kg)	合計 (kg)
搾乳牛（2産以上）	51.4	13.0	64.4
搾乳牛（初産）	35.8	13.8	49.6
育成牛	17.9	6.7	24.6

的な処理・散布方法を図1に示しました。糞尿と敷料の混合物の水分は、敷料にオガ粉や麦稈を用いた場合の割合です。

【糞尿の性状】

牛舎から搬出された糞尿と敷料の混合物は水分によって、固形（84％以下）、半固形（84〜87％）、液状（87％以上）に区分されます。

固形糞尿は1m以上に積み上げることが可能で、堆肥処理および堆肥舎での貯留が基本になります。つなぎ飼いで敷料が多い場合、固形糞尿となります。

セミソリッド糞尿は、積み上げることが困難で、50cmくらいの厚さで流動性があります。切り返しをしても空気がほとんど入らず、ポンプでの移動も困難です。半地下式の貯留施設にためて、傾斜路での取り出しとなります。好気発酵はできないので嫌気状態で散布まで保管されます。このため、散布時の臭気は極めて強くなってしまいます。

つなぎ飼いで敷料が少ない場合や、フリーストールで敷料が多めの場合に、セミソリッド糞尿となります。

スラリーは流動性があるため、容器に入れて貯留する必要があり、ばっ気処理やメタン発酵処理などが可能になります。つなぎ飼いで敷料が少なく自然流下式を採用した場合や、フリーストールで敷料が少ない場合にスラリー糞尿となります。

【性状別処理方法】

固形糞尿は水分によって処理が分かれます。搬出された敷料混合物にさらに水分調整材を混合して水分70％以下に低下させたものを堆肥、追加混合する水分調整材の量が少なく水分70〜75％のものを中水分堆肥、75〜84％のものを高水分堆肥と区分します。水分70％以下に低下させると堆肥化を確実に進めることができます。中水分堆肥でも定期的な切り返しで、完熟させることが可能です。高水分堆肥では定期的な切り返しとともに排汁も多量に排出されます。ワラ類も草地に散布しても問題ない程度に分解が進み細かくなりますが、自家草地や飼料畑での利用が前提になります。

スラリーは、そのまま貯留して草地に散

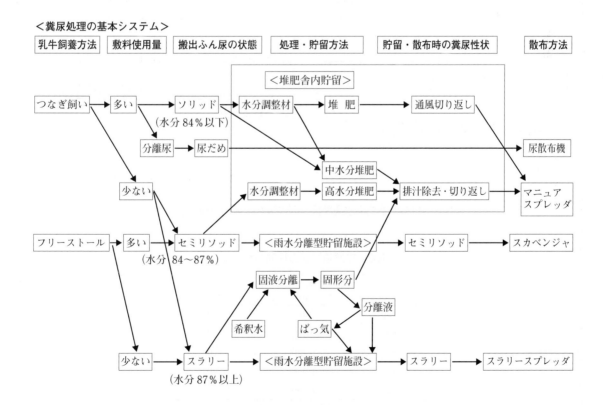

図1　糞尿処理の基本的な処理の流れ

布することが可能です。しかし臭気が強いため、散布には臭気拡散の少ないバンドスプレッダや浅層インジェクタなどを使う必要があります。スラリーはそのままでは畑地での利用に問題があるため、ばっ気処理やメタン発酵処理をして畑地で利用する必要があります。

牛舎排水と混合して固液分離し固形分は堆肥化、液分はばっ気処理することができます。また、牛舎排水と混合してメタン発酵した消化液は肥効性が高いので、畑作への利用も可能となります。セミソリッド糞尿は、そのままでは処理が困難なため専用の散布機で飼料畑に散布しますが、臭気が強いため現実的ではありません。水分調整材を混合して高水分堆肥まで水分を低下させるか、セミソリッド用固液分離機で固形分と液分に分離して、堆肥化とスラリーとしての処理を進めます。

写真2　つなぎ飼い牛舎から搬出するためのバーンクリーナ

【牛舎からの搬出方法】

つなぎ飼い牛舎からはバーンクリーナで牛舎外に搬出するのが一般的です（**写真2**）。牛舎の出口にスクリーンと尿だめを設置し、尿を分離して搬出糞尿の水分を少しでも低下させます。バーンクリーナで直接堆肥舎に投入したり、トラックやマニュアスプレッダに積んで堆肥舎に運搬したりすることもできます。

自然流下式では、牛床の後ろにやや深い尿溝を設置して糞尿混合物を流しながらスラリーとして処理します（**図2**、**表2**）。

フリーストール牛舎では、通路の糞尿を牛床清掃で落とした敷料と共に牛舎外に搬出します。搬出方法として、スキッドステアローダに取り付けたタイヤ半切りのスクレーパやバーンスクレーパなどが利用され

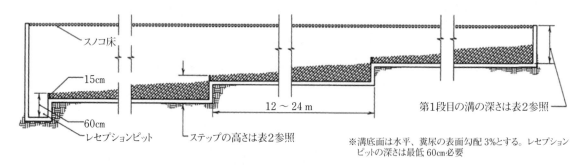

図2　自然流下式の尿溝断面（「MWPS-7」一部修正）

表2　自然流下式の尿溝のサイズ

糞尿溝の長さ (mm)	第一糞尿溝の長さ※ (mm)	セキの高さ※※ (mm)
1,200	810	510
1,500	910	610
1,800	1,020	710
2,100	1,090	790
2,400	1,190	860

※ 15cmの余裕高と15cmの越流セキ、15cmのスノコ床の厚みを含む
※※ 15cmの越流セキを含む

ます(**写真3、4**)。スラリー処理の場合にはそのまま貯留槽へ投入します。敷料が多い場合には、牛舎出口にスクリーンを設置した糞尿溝を設置し、その上をスキッドステアローダで糞尿混合物を押して通ることで液分を落とし固形分のみを搬出することができます(92㌻**図3**)。牛舎通路をスノコ状の床にして地下に貯留槽を設置したスラット牛舎では尿はそのまま落ち、糞は乳牛が歩行することで地下の貯留槽に落ちます(92㌻**写真5**)。糞と尿が分離しているため、そのままではスカムが発生します。牛舎の換気を良くして地下ピットの糞尿を攪拌する必要があります。

フリーバーンでは、敷料が多量に入っている横臥(おうが)エリアはそのまま堆肥化することが可能です(92㌻**写真6**)。採食通路はフリーストール牛舎と同じように糞尿のみとなるので、スキッドローダやバーンスクレーパで搬出後、スラリー処理するか、横臥エリアの糞尿混合物と攪拌混合するかします。

■堆肥処理

【基本的な考え方】

堆肥化とは、糞尿混合物中の好気性微生物が糞尿中の栄養分(有機物)を分解していくことです。分解により温度は70〜80℃まで上昇します。この温度上昇により、雑草種子や大腸菌などの病原性微生物は死滅します。栄養分は十分で、その他に空気(酸

写真3　フリーストール牛舎の糞尿を搬出するためのスキッドローダに装着したタイヤスクレーパ

写真4　フリーストール牛舎のバーンスクレーパ

写真5　地下に糞尿ピットを設置したスラット牛舎

写真6　牛舎内で堆肥化できるフリーバーン

素)の確保が必要になります。糞尿混合物に十分な空気を入れるためには、糞尿中の空間(嵩＝かさ)を確保(密度を低下)して切り返すことになります。嵩密度は0.6～0.7t／m³程度にしますが、このときの混合物水分は乳牛糞尿では約68％とされています。これより水分が多いと、切り返し直後は空気が入り温度上昇が見られますが、すぐに空気中の酸素が消費され温度が低下します。水分が比較的高い中水分や高水分堆肥の場合は、定期的な切り返しを行いながら、時間をかけて堆肥化を進めなくてはなりません。

　成牛の64.4kgの糞尿水分(87％)を、オガ粉やもみ殻(水分15～20％)で水分80％にするには6～8kg、75％では12～14kg、70％では20～22kg、65％では28～30kgの量が必要となります。これだけの量の敷料や水分調整材を用意し、糞尿と均一に混合する必要があるのです。仮に搬出時に尿が完全除去できたとすると、水分80％にするには4kg、75％では8kg、70％では12kg、65％では20kgの必要量となり、かなりの減量が可能となります。

　堆肥処理方式の種類を**表3**に示します。

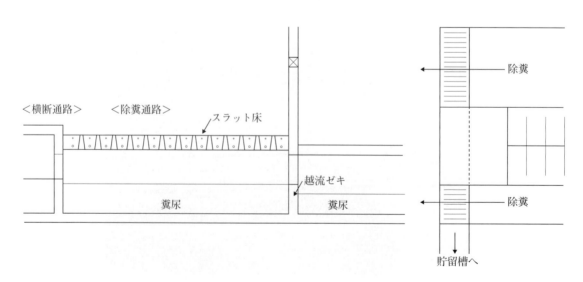

図3　フリーストール牛舎の尿切り施設

表3 主な堆肥化処理施設・機械の特徴と利用状況
（堆肥化施設設計マニュアル、中央畜産会、2005）

区分	処理施設名	施設の特徴 太陽熱の利用	副資材添加の必要性	悪臭処理と脱臭の法難易	処理労力	施設必要面積	施設・運転費	処理期間	畜種別(4) 酪農	肥育牛	養豚	養鶏	規模別 大・中	小
堆積方式	堆肥舎	(あり)(1)	あり	難	多	大	小・小	長	◎	◎	○	△	△	○
	<設置・使用上の留意点>（堆肥舎・通気型堆肥舎共通）・排汁溝の設置必要 ・堆積底部に乾材を敷く ・材料の通気性確保に留意し、徐々に落下させる													
	通気型堆肥舎(5)	(あり)	あり	易(土、ロ)(3)	多	中	小・中	中	○	○	○	○	○	○
	<設置・使用上の留意点>（堆肥舎・通気型堆肥舎共通）・通気床上に乾材を敷くとともに、通気床目詰まり部の改修作業を行う													
撹拌方式 開放型	ロータリ式	(あり)	あり・なし(2)	易(土、ロ)	小	中	大・大	中・短	○	△	◎	◎	○	△
	<設置・使用上の留意点>（ロータリ式・スクープ式共通）・材料中へ石・鉄片などの異物を混入させない ・高水分材料を1カ所に投入しない													
	スクープ式	(あり)	あり・なし	易(土、ロ)	小	中	大・大	中・短	○	○	○	○	○	△
	<設置・使用上の留意点>（ロータリー式・スクープ式共通）・通気床上の目詰まり部の改修作業を行う ・撹拌機の停止位置に留意													
撹拌方式 密閉型	縦型	なし	あり・なし	易(オ、ロ)	小	小	大・大	短	△	×	◎	○	○	×
	<設置・使用上の留意点>・硬い異物を混入させない ・燃料装置付きの場合、火災に留意 ・投入材料の水分低減と撹拌軸に過負荷をかけない													
	横型	なし	あり・なし	易(オ、土)	小	小	大・大	短	△	△	△	○	○	×
	<設置・使用上の留意点>・投入材料水分は55%以下 ・燃料装置付きの場合、火災に留意 ・建屋で寒風を防ぐ													

(1)（あり）は利用することが望ましい
(2) あり・なしは両方の場合があるという意味で、副資材には戻し堆肥も含む
(3) 密閉型以外は臭気の捕集装置が必要である。　オ：オガ粉脱臭装置、土：土壌脱臭装置、ロ：ロックウール脱臭装置
(4) ◎：多く利用されている、　○：利用されている、　△：一部で利用されている、　×：ほとんど利用されていない
(5) ショベルローダの他、ウインドロウをつくりながら切り返しをする堆肥切り返し機、堆肥を保持・移動させながら切り返すクレーン式などがある

堆積方式と撹拌方式に大別され、堆積方式は通風の有無で分類されます。撹拌方式は開放型と密閉型に分類されます。次に、主な処理方法について解説します。

【ショベルローダ切り返しによる堆肥化】

搬出された敷料糞尿混合物を、ショベルローダを使い1～2週間ごと切り返しながら堆肥化を進めます（**写真7**）。混合物の水分は75％以下にしておかないと、切り返しによる継続的な温度上昇を維持することが難しく、安定した堆肥生産は困難です。

作業をする堆肥舎は複数の槽で構成され、一定間隔でこの槽を移動させ、切り返して発酵を進め3～6カ月で仕上げます。この場合、毎日搬出される糞尿と水分調整材を混合堆積する調整槽を1、2槽用意します。牛舎搬出時にバーンクリーナの下に水分調整材を積んだマニュアスプレッダを置き、これにバーンクリーナから搬出糞を載せ、受け入れ槽に排出することで撹拌作業が容易になります。受け入れ槽では糞尿と水分調整材をなじませるようにします。麦稈や乾草などのワラ類の場合には、糞尿と確実に混合しておかないと、いつまでたっても堆肥化することができません。

定期的な移動・切り返しにより発酵が進み、温度上昇と分解により体積が減少してきます。ワラ類も分解され、全体的に黒ずんできます。3～6カ月の移動・切り返し後は貯留槽に堆積して保管します。

【送風による発酵促進】

切り返しによる空気の混入では、時間経過とともに混入した空気中の酸素が消費され、徐々に温度が低下します。これに対し、強制的に堆肥の中に空気を入れる送風式では継続的に発酵を維持できます（**写真8**）。

寒冷地では送風量に注意しないと、冬に温度が上がらず、低温の空気で冷やされ十分に分解しない場合があります。寒冷地の冬季の風量は標準値の1／10程度とされています。送風することで、温度上昇が堆肥の表面付近まで広がり、内部結露することもなく排汁が発生しません。

送風するための通気床の構造は次の通りです。堆肥舎内の床面に溝を付けてその中に穴空きパイプを入れ、上部をもみ殻などで覆い、パイプから送気した空気が床面から均一に堆肥の中に入るようにします。溝（パイプ）の長さは、堆積糞尿混合物の傾斜部分より前に出ないようにします。これは、送風したときに、前面の傾斜部分から空気が短絡して漏れないようにするためです

写真7　堆肥舎でのショベルローダによる切り返し作業

（図4）。写真8は堆肥の量が少なく、パイプの敷設状況が分かる状態です。

糞尿混合物はホイールローダで1〜2週間ごとに定期的に移動します。あるいは、開放型撹拌施設と組み合わせて利用することも可能です。発酵は進み、分解による減量も送風のない場合より、早く進みます。3〜6カ月の切り返し後、貯留施設に移動します。

水分調整資材が少なく十分に水分や嵩密度が下がらないと、送った空気が混合物全体に行き渡らず、水道ならぬ風道ができる場合があります。このようになると、堆肥全体の温度が上がらず、水分の抜けも不十分で内部結露による排汁が流出します。そうならないよう、水分調整資材は十分な量を投入し、水分を70％以下にします。

送風による通気の場合、糞尿混合物を抜けた空気は臭気が強く、そのまま排気すると問題になる場合があります。堆肥舎の前面に密閉用のカーテンを付け、脱臭装置に排気を導いて臭気対策をします。脱臭装置にもさまざまな方法があるので専門書を参考にしてください。

【吸引施設による堆肥処理】

吸引通気による堆肥化は、前述した送風施設を吸引施設にして、堆肥化過程での臭気の拡散防止、廃熱利用などを図った方法です。これまでは吸引ファンの傷みが激しく、騒音問題や修繕費の増加などの問題からなかなか実用化されませんでしたが、農研機構畜産草地研究所（現・農研機構畜産研究部門）において、問題点の改善を図り実用化が進められました。

写真8　通気式堆肥舎の床面

同研究所で開発したモデルでは、糞尿混合物は堆肥クレーンを装備した堆肥舎（発酵槽）に投入されます。この堆肥舎の床面に吸引配管し吸引通気装置で通気します（96ﾟ図5）。吸引した空気はアンモニア濃度が高いので、硫酸やリン酸を噴霧してアンモニアを回収する装置が設置されます。

吸引通気方式の一番の問題は通気口の目詰まりです。送気式と同じようなパイプに穴を空けただけの物ではすぐに詰まってしまうため、同研究所ではポリプロピレン製の1m角程度のパレットを用いて面での通気を図ることでこれを解消しています。

堆肥クレーンによる切り返しの場合はこの通気方法で問題はありませんが、ホイールローダで切り返しする場合は、ローダの走行面を避けて設置する必要があり、バケットの移動にも支障がない構造とする必要があります。開放型撹拌施設と組み合わせる場合でも利用は可能と考えます。

【開放型撹拌施設による堆肥処理】

開放型撹拌施設は、細長い発酵槽をロータリ式撹拌機やスクープ式撹拌機、堆肥クレーンで堆肥を混合しながら移動させて発

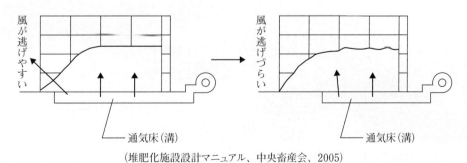

（堆肥化施設設計マニュアル、中央畜産会、2005）

図4　通気式堆肥舎の通気床構造

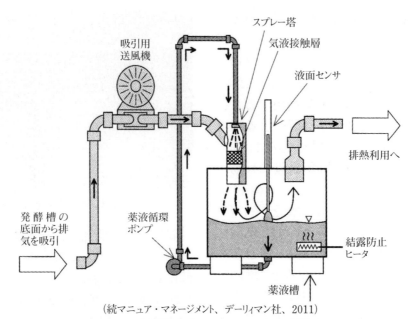

(続マニュア・マネージメント、デーリィマン社、2011)

図5 吸引堆肥舎のアンモニア回収装置

酵させる施設です。発酵槽の幅は2～6m、深さは0.6～2m、長さは20～100mとさまざまです。発酵槽の形状は直線型、円型、回行型があり、発酵を促進するため、床面に通風口を設置する場合もあります。

直線型の場合は施設の末端で新しい糞尿混合物を投入し、切り返し機による攪拌・移動で排出側に送られます。切り返し機は一方向に混合・切り返しを行い、末端に達した後、切り返し機を持ち上げて、開始位置に戻ります。1日の投入スペースを確保する必要があり、攪拌回数は1回の攪拌で移動する距離に深さと幅を掛けた移動容積で、投入糞尿混合物容量を割った値となります。最低でもこの回数を切り返さないと、1日分の糞尿が投入できません。

回行型は直線部と旋回部分があり、切り返し機は常に一方向に移動します。

円型は、深さ2m程度の円筒形発酵槽の中で、設置されたスクープ式攪拌機が偏心回転しながら、外周から投入された原料を中心部へ送って堆肥化を進めます。

糞尿混合物の水分は70％以下を目標に、水分調整材と十分に混合します。水分低下が不十分だと、切り返しの途中で大きな塊となって内部の好気性発酵が阻害されます。施設に投入する前に、搬出糞尿と水分調整資材を混合して、十分になじませてから投入すると良好な発酵をさせることができます（**写真9**）。

【密閉型攪拌施設による堆肥処理】

密閉型攪拌装置はバッチ処理を行うもの

写真9 開放型攪拌施設による堆肥処理（事前に右の写真のように水分調整材を混合してから投入すると冬季でも発酵が順調に進む）

で、縦型と横型があります。約2週間分の糞尿と水分調整材を投入して、内部の攪拌装置、送風機、ヒータで発酵を進めます(**写真10**)。排気は臭気が強いので脱臭装置を通して処理します。バッチ処理なので、装置に投入する前に糞尿と水分調整材を混合して保管する場所が必要で、処理後の堆肥も保管貯留する場所へ移動します。

横型は水分55%以下まで調整した糞尿混合物を処理するもので、最近では固液分離した固分のみを投入して堆肥化処理する装置も市販されています(**写真11**)。

【堆肥舎の設計例】

ホイールローダによる切り返しをする堆肥舎について、乳牛頭数、糞尿量、発酵開始時水分などを入力することで、発酵処理期間分の堆肥舎面積を計算するシートを示します。(**図6**、98㌻**表4**)糞尿の乾物分解率は暖地と寒地で異なります。

この表ではオガ粉を用いる暖地の100頭の例を示しました。糞尿量は6,440kg／日で、水分70%にするためにオガ粉2,408kg／日が必要になります。切り返しを31日ごとにした場合、この期間の糞尿混合物を貯留するための面積は196㎡となります。実際には前面は斜めになるため堆肥舎の奥行きを約1m延ばす必要があります。発酵により減量しますが、133日の発酵後重量から求めた31日分の堆肥舎面積は148㎡と約74%の面積になります。**図6**は試算を基に設計した堆肥舎(発酵槽)です。受け入れ槽は2週間分2槽で、残りは減量も考え3槽としました。貯留期間分の堆肥舎も必要です。

写真10 密閉縦型発酵装置

写真11 固液分離した固形分を堆肥化する装置

【留意点】

発酵処理した堆肥を自家草地に散布する場合でも成分の把握は必要です。他の農家が利用する場合には均一な品質が求められます。利用者のニーズに応える堆肥づくりは酪農経営をしながらでは難しいので、農協や自治体が堆肥処理施設を建てるなど、外部からの支援が必要になるでしょう。

■スラリー処理

【基本的な考え方】

スラリー処理には、糞尿をそのまま貯留

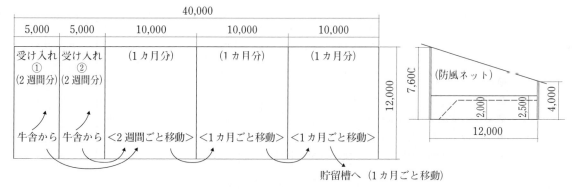

図6 堆肥舎の設計例(単位：mm)

表4 堆肥化施設の設計計算シート

堆肥化施設の設計計算
①条件

切り返し間隔		1	カ月		31	日
搾乳牛頭数		100	頭			
処理糞尿量	糞：1)	51.4	kg	尿：2)	13	kg
合計：(1)＋2))×頭数				3)	6,440	kg／日
処理対象糞尿水分割合(%)	糞：4)	84	%	尿：5)	98	%
処理対象糞尿水分量　水分合計:(1)×4)＋2)×5))／100×頭数				6)	5,592	kg／日
処理対象糞尿乾物量　（糞尿量－水分量）3)－6)				7)	848	kg／日
処理糞尿水分割合（水分量／糞尿量×100) 6)／3)×100				8)	86.83	%

②施設の設計計算

●必要オガ粉量		発酵開始水分	9)	70.0	%
		オガ粉水分	10)	25.0	%
	オガ粉量　3)×(8)－9))／(9)－10))		11)	2,408	kg／日
	オガ粉の水分量　11)×10)／100		12)	602	kg／日
	オガ粉の乾物量　11)－12)		13)	1,806	kg／日
●混合物重量	3)＋11)		14)	8,848	kg／日
●混合物水分重量	6)＋12)		15)	6,194	kg／日
●混合物水分	15)／14)×100　9)と同じ		16)	70.0	%
●混合物容積重		容積重	17)	700	kg／㎥
●混合物容積	14)／17)		18)	12.64	㎥／日
●切り返し間隔ごとの貯留面積		堆積高さ	19)	2.0	m
	18)×切り返し間隔／19)		20)	196	㎡
●処理日数	＜暖地＞	目標乾物分解率	21)	40.0	%
		平均乾物分解率	22)	0.3	%／日
	＜寒地＞	目標乾物分解率	23)	30.0	%
		平均乾物分解率	24)	0.2	%／日
	処理日数　21)／22)	＜暖地＞		133	日
	処理日数　23)／24)	＜寒地＞		150	日
●乾物分解量		オガ粉分解率	25)	10.0	%
		牛糞発熱量	26)	4,500	kcal／kg
		オガ粉発熱量	27)	3,000	kcal／kg
	牛糞乾物分解量　21)または23)×7)／100　＜暖地＞		28)	339	kg／日
	オガ粉乾物分解　25)×13)／100		29)	181	kg／日
●発熱による水分量減少	発熱量　28)×26)＋29)×27)		30)	2,068,920	kg／日
		水分蒸発熱量	31)	900	kcal／kg
	水分蒸発量　30)／31)		32)	2,299	kg／日
	発酵後の乾物量　(7)＋13))－(28)＋29))		33)	2,134	kg／日
	発酵後の水分量　15)－32)		34)	4,059	kg／日
	発酵後の堆肥重量　33)＋34)		35)	6,194	kg／日
	発酵後の水分割合　34)／35)×100		36)	65.54	%
	発酵後の嵩密度	容積重	37)	650	kg／㎥
●発酵後の容積	35)／37)		38)	9.53	㎥／日
●発酵後の総容積	38)×処理日数		39)	1270.48	㎥
●切り返し間隔ごとの貯留面積	38)×切り返し間隔／19)		40)	148	㎡
●処理日数の堆肥舎面積　（発酵後の面積）	39)／19)		41)	635	㎡
●処理日数の堆肥舎面積　（発酵前の面積）	18)×処理日数／19)		42)	843	㎡

して散布する方法や、空気を送り込んで好気発酵するばっ気処理、密閉貯留して温度を35〜45℃の中温や55℃の高温に維持して嫌気発酵するメタン発酵処理があります。無処理で散布する方法は草地での利用に限定されます。臭気が強いので臭気拡散の少ない散布機でまく必要があります。ばっ気処理やメタン発酵処理では有害物質や臭気が低減され、畑作や水田での利用も可能となります。

【貯留散布】

牛舎から搬出された糞尿を、そのまま貯留して散布する方法で、フリーストール牛舎の敷料としてオガ粉やもみ殻などを利用する場合、1〜2kg／頭であればスラリーとして処理できます。

牛舎出口に1〜2週間貯留するレセプションピットを設置します(図7)。ここで、糞尿と牛舎排水、廃棄乳などを十分に混合して、貯留槽へ送ります。前述したように、牛舎排水が多量に混入すると、糞尿と十分混合しても次第に分離し始めて、スカムが発生します。雨水が混入する貯留槽では、よりスカムが発生しやすくなりますので、定期的な撹拌が必要となります。雨水の混入しない地下ピットの場合も、投入時に圧送撹拌して固液の分離が生じないようにします。

スラリーサイロやシートラグーンのように貯留槽が覆われていない場合、糞尿の臭気が風で拡散するので、隣地や住宅・牛舎などから離して設置します。スカムを発生させると臭気の拡散を抑えられますが、散布時にはスカムを破壊して撹拌するので、強い臭気が発生します。あらかじめ問題が生じないような場所に設置します。

【ばっ気処理】

ばっ気処理とは堆肥処理と同じように、スラリーに空気を送り込んで好気性発酵をさせる方法で(図8)、液状コンポスト処理とも呼びます。ばっ気により糞尿中の臭気成分が分解され、糞尿自体の臭気が低減されます。しかし、ばっ気している場所の臭気は極めて強いので、その対策が必要になります。また、ばっ気槽が開放されていると、臭気対策ができないだけでなく、アンモニアが揮散してばっ気処理液の窒素成分が低下します。

ばっ気槽は密閉することで臭気対策が行いやすくなり、液温も上昇します。ばっ気槽の排気からアンモニアを回収することも可能です。排気中に揮散したアンモニアの回収は吸引型堆肥舎で検討されているものが使えます。

ばっ気方法には、一定期間ごとにばっ気処理をするバッチ処理方式と、毎日排出される糞尿を混合してばっ気をする連続処理があります。連続処理では、ばっ気槽は2槽にして処理を確実にします。

空気を送り込む方法として散気管方式とエジェクタ方式があります。スラリーに空気を溶け込ませるには、スラリーの粘度を下げる必要があります。粘度が高いと、送り込んだ空気が大きな泡となってしまい、

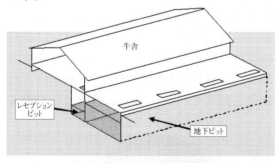

図7　地下ピット貯留施設

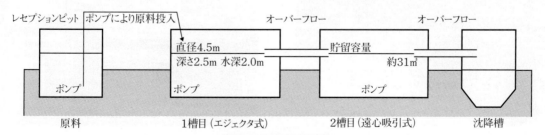

図8　ばっ気処理施設

効率良く空気を溶け込ますことができません。スラリーの水分が93％以上で粘度が800mPa・s（パスカル秒）以下と低い場合には散気管方式で細かい泡を吹き込み、酸素を溶け込ませることが可能です（写真12）。

水分が92％程度では、撹拌ポンプの吐出口に吸気口を付けたエジェクタが利用でき、スラリーを撹拌しながら効率良く空気を混入することができます（写真13）。スラリーの粘度を下げるには、牛舎排水や、ばっ気処理後の処理液を混合する方法があります。

ばっ気をすると泡が発生するので、ばっ気している液を上からかけて消泡したり、消泡機を用いたりします。さらにばっ気が進むと、急激な発泡が起こります。この泡は消えにくく消泡が追いつかなくなり、泡があふれてしまいます。重量比0.05％の油を加えると消泡できます（この急激な発泡は処理がうまく進んでいる証拠）。そのままばっ気を続けると、アンモニア態窒素が減少するのでばっ気を終了します。

バッチ処理の場合は、処理期間の中でこの状態が発生しますが、連続処理の場合は1日の中でこの状態を繰り返します。

ばっ気処理後の処理液はそのまま長期貯蔵すると、処理液が嫌気状態となってドブ臭がするようになるので、貯留槽では散気管方式で少量のばっ気を続ける必要があります。

【メタン発酵】

メタン発酵は糞尿を加温して密閉貯留することで、メタン約60％、二酸化炭素40％、少量の硫化水素などで構成されるバイオガスを生成する嫌気発酵処理です（写真14）。処理液は消化液と呼ばれます。発酵温度により、35～45℃の中温発酵、55～65℃の高温発酵に区分されます。堆肥処理やばっ気処理のように発熱はないので、発生したバイオガスを燃焼して温水をつくり加温する必要があります。乳牛糞尿にはメタン菌が含まれているので、豚糞や下水処理場でのメタン発酵と異なり、メタン菌を維持するための担体などを設置しなくても、適切な養生管理と期間は必要ですが、スラリーを加温するだけでメタン発酵が可能となります。

発酵期間は30～50日でこの期間に排出される糞尿を、発酵槽に全量加温貯留します。この期間を滞留日数と呼びます。発酵槽を2槽にすると発酵が確実となり排出される消化液の大腸菌を抑えられます。原料は1日1回から複数回に分けて投入します。一度に大量の原料を投入すると、発酵槽温度が低下し発生するガス量が変動するので、1日複数回に分けて、発酵槽の温度変化を抑えて投入する方が安定した発酵を

写真12　散気管によるばっ気施設

写真13　エジェクタ方式による撹拌ばっ気

写真14　メタン発酵施設

維持できます。

発酵槽は液温を維持する必要があることから、断熱をしたコンクリート製や鉄製の縦型円筒形が多く、半地下式にして断熱効果を高めています。発酵槽の撹拌は、ポンプや撹拌機を用いる方法の他、投入時の原料圧送で行います。

発生したバイオガスには、微量ですが硫化水素が含まれているため、そのまま燃焼すると機器の損傷を招きます。これを防ぐため硫化水素を取り除く脱硫処置をします。脱硫方法には硫黄酸化細菌を用いた生物脱硫や、水酸化第二鉄を成型した脱硫剤を充填（じゅうてん）した脱硫槽を通す乾式脱硫、バイオガスを水やアルカリ水で洗って脱硫する湿式脱硫といった方法があります。生物脱硫と乾式脱硫を組み合わせて利用する施設が多く見られます。脱硫後のバイオガスの貯蔵には、ガス漏れがないよう帆布を貼り合わせた簡易なガスバッグが使われます。

ガスの利用法としては、バイオガスボイラで燃焼させ温水をつくる方法と、発電機のエンジンで燃焼させ熱（温水）と電気をつくるコージェネレーション（熱電併給）があります。熱電併給では発電量の全量買い取り制度（FIT）が実施されています。発電を伴う施設整備は非常に高額ですが、売電により得られる収入によって回収も可能とされています。熱利用のみの場合には、初期投資も抑えられ維持管理も容易になります。どの方法を選択するかは、FIT制度の今後の運用状況も含め慎重に検討する必要があります。

【固液分離】

スラリーを固液分離する目的は、扱いにくい状態のスラリーを水分が低く堆肥化が容易な固形分と、ばっ気処理などが容易になる粘度の低い液分に分離することです。固液分離により液量が激減するわけではなく、かえって固形分の処理が増えるので、保管や処理方法には注意が必要です。

原料糞尿の性状に合わせた固液分離の方法を選定する必要があります。牛舎排水などを混合した、水分割合が高いオガ粉やもみ殻敷料のスラリーの場合には、分離スクリーンの網目が1mm以下と細かいスクリュープレスが適しており、消化液やばっ気処理液を固液分離するときにも利用できます（図9）。敷料に麦稈やワラ類を用いている場合にはローラプレスが適しています（図10）。

スラリーの水分が低く、ワラ類が多く混入している場合は、分離スクリーンの網目が5〜15mmと大きいスクリュープレスが適しています（102ﾍﾟｰ写真15）。

■臭気対策

糞尿処理と臭気対策は切り離せません。堆肥処理では切り返しのたびに悪臭成分が揮散します。スラリー処理におけるばっ気処理やメタン処理により、糞尿臭気は低減しますが、撹拌時や処理時には強い臭気が発生します。

こうした臭気対策として、さまざまな脱

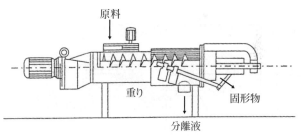

図9　スクリュープレス式固液分離機

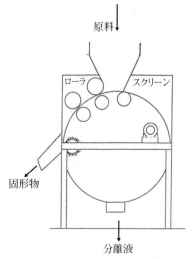

図10　ローラプレス式固液分離機

写真15 長ワラ用のスクリュープレス式固液分離機

臭法があり、その原理を使った脱臭装置が利用されています。生物脱臭法では利用する資材によって、土壌脱臭法、ロックウール脱臭法、堆肥脱臭法、オガ粉脱臭法などがあります(図11～13)。

それぞれの特徴や詳細については、「堆肥化施設設計マニュアル」(中央畜産会、2005年4版)などを参照してください。

◇　◇　◇　◇

本稿では糞尿処理方法の概要を解説しました。糞尿処理は施設を建てるだけで可能になるわけではありません。堆肥処理する場合、搬出される糞尿と水分調整材の量により処理が可能な水分に調整することが、処理を容易にする近道です。スラリー処理も、牛舎排水なども有効に活用し水分調節によって処理が容易になります。

図11 土壌脱臭装置(堆肥化施設設計マニュアル、中央畜産会、2005)(単位：mm)

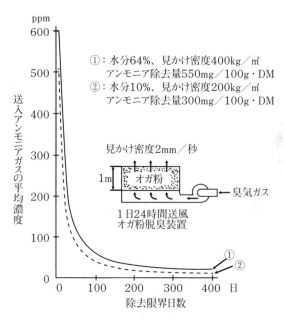

図13 オガ粉利用の脱臭施設(堆肥化施設設計マニュアル、中央畜産会、2005)

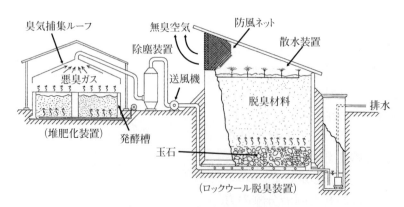

図12 ロックウール脱臭装置(堆肥化施設設計マニュアル、中央畜産会、2005)

第Ⅲ章

牛舎環境の制御

暑熱対策……………………………………池口　厚男　104

寒冷対策……………………………………菊地　実　112

換気構造……………………………………堂腰　顕　119

牛舎環境の制御

第Ⅲ章 暑熱対策

池口　厚男

本稿のポイント
①牛は人より低い温度から暑さを感じる。牛の呼吸数を見て対策を開始する
②乳量低下などの暑熱の症状が現れた頃には既に熱ストレスを受けている。体感温度の早見表で20℃前後から対策を講じる
③牛は相対湿度の影響を大きく受けるので、細霧冷房をするときには注意が必要
④牛に体温よりも低い温度の速い風を当てることが重要になる

　地球温暖化の影響で気温が上昇し、暑熱が家畜に顕著に影響し、生産性の低下を引き起こしています。温暖地域、寒冷地域それぞれに家畜の暑熱への耐性の差があり、影響の生じ方にも差が見られます。しかしながら、暑熱は畜種を問わず、畜産の大きな課題の1つで、できるだけ熱ストレスから家畜を守ることが求められます。

　暑熱対策の問題は古くから何度も取り上げられていますが、依然として有効な暑熱対策技術は確立していないと思われます。その要因としては、対策技術にコストがかけられないことがまず考えられます。また乳牛のように、飼養管理だけではなく、高泌乳化という遺伝的な能力向上により、牛体からの発熱量が増加してきていることも1つの要因といえるでしょう。

　本稿では暑熱対策を行う上での留意として、牛側の熱に対する生理的な反応や、熱がどのように牛に入って出ていくのかについて解説します。そして、この知識を踏まえた暑熱対策の方法や機器についても紹介します。

■熱に対する牛の反応

　人間の場合、不快指数という言葉をよく聞くのではないかと思います。これは気温と相対湿度で不快感を表した指数です。単に気温だけではなく、空気中の水分量を表す相対湿度も体感に影響します。端的に言うと「蒸し暑い」という言葉で表されます。このような指標が牛にもあります。牛の体感温度、有効温度ともいい、次の式で表されます。

牛の体感温度＝乾球温度（気温）× 0.35 ＋ 湿球温度 × 0.65

　この式は、湿球温度の割合が乾球温度の割合よりも大きく、牛は気温よりも空気中の水分の影響を受けやすいことを示しています。牛は体の熱を、犬のように呼気に逃しているためです。防暑対策を考える場合は気温だけではなく、相対湿度も考慮する必要があります。牛の体感温度を求めるには湿球温度を知る必要がありますが、相対湿度と気温との関係から体感温度が分かる早見表を**表1**(注)に示します。

　乳牛は人よりも低い温度から暑さを感じています。過去の研究(注)から体感温度が19℃になると呼吸数が上昇し、体温は21℃から上昇、乳量は22℃から減少します。**表1**を見ると、乳量が下がる体感温度22℃となる気温（乾球温度）と相対湿度の組み合わせは、22℃で100％、23℃で90％、24℃で80％です。思ったより低い気温で熱ストレスがかかっていることが分かります。

　さらに重要な点は、熱ストレスがかかると当日あるいは2日後に採食量に影響が出て、3日後に乳量に影響が現れることです。従って、乳量が減少した日の3日前には熱

表1 気温と相対湿度による体感温度の早見表

		相対湿度 (%)												
		40	45	50	55	60	65	70	75	80	85	90	95	100
乾球温度 (℃)	15	10.8	11.2	11.5	11.9	12.3	12.6	13.0	13.3	13.7	14.0	14.4	14.7	15.0
	16	11.6	12.0	12.4	12.8	13.2	13.6	13.9	14.3	14.7	15.0	15.3	15.7	16.0
	17	12.5	12.9	13.3	13.7	14.1	14.5	14.9	15.3	15.6	16.0	16.3	16.7	17.0
	18	13.3	13.8	14.2	14.6	15.0	15.4	15.8	16.2	16.6	16.9	17.3	17.7	18.0
	19	14.2	14.6	15.1	15.5	15.9	15.9	16.8	17.1	17.5	17.9	18.3	18.6	19.0
	20	15.0	15.5	16.0	16.4	16.8	17.3	17.7	18.1	18.5	18.9	19.3	19.6	20.0
	21	15.9	16.4	16.8	17.3	17.8	18.2	18.6	19.0	19.5	19.9	20.2	20.6	21.0
	22	16.7	17.2	17.7	18.2	18.7	19.1	19.6	20.0	20.4	20.8	21.2	21.6	22.0
	23	17.6	18.1	18.6	19.1	19.6	20.0	20.5	20.9	21.4	21.8	22.2	22.6	23.0
	24	18.4	19.0	19.5	20.0	20.5	21.0	21.4	21.9	22.3	22.8	23.2	23.6	24.0
	25	19.3	19.8	20.4	20.9	21.4	21.9	22.4	22.8	23.3	23.7	24.2	24.6	25.0
	26	20.1	20.7	21.3	21.8	22.3	22.8	23.3	23.8	24.3	24.7	25.2	25.6	26.0
	27	21.0	21.6	22.2	22.7	23.2	23.8	24.3	24.8	25.2	25.7	26.1	26.6	27.0
	28	21.8	22.4	23.0	23.6	24.2	24.7	25.2	25.7	26.2	26.7	27.1	27.6	28.0
	29	22.7	23.3	23.9	24.5	25.1	25.6	26.1	26.7	27.1	27.6	28.1	28.6	29.0
	30	23.5	24.2	24.8	25.4	26.0	26.5	27.1	27.6	28.1	28.6	29.1	29.6	30.0
	31	24.4	25.1	25.7	26.3	26.9	27.5	28.0	28.6	29.1	29.6	30.1	30.5	31.0
	32	25.2	25.9	26.6	27.2	27.8	28.4	29.0	29.5	30.0	30.6	31.1	31.5	32.0
	33	26.1	26.8	27.5	28.1	28.7	29.3	29.9	30.5	31.0	31.5	32.0	32.5	33.0
	34	27.0	27.7	28.4	29.0	29.7	30.3	30.8	31.4	32.0	32.5	33.0	33.5	34.0
	35	27.8	28.5	29.2	29.9	30.6	31.2	31.8	32.4	32.9	33.5	34.0	34.5	35.0
	36	28.7	29.4	30.1	30.8	31.5	32.1	32.7	33.3	33.9	34.4	35.0	35.5	36.0
	37	29.5	30.3	31.0	31.7	32.4	33.1	33.7	34.3	34.9	35.4	36.0	36.5	37.0
	38	30.4	31.2	31.9	32.6	33.3	34.0	34.6	35.2	35.8	36.4	37.0	37.5	38.0
	39	31.2	32.0	32.8	33.5	34.2	34.9	35.6	36.2	36.8	37.4	37.9	38.5	39.0
	40	32.1	32.9	33.7	34.4	35.2	35.9	36.5	37.1	37.8	38.3	38.9	39.5	40.0

(安全/注意/危険)

ストレスがかかっていることになり、乳量が下がってから対策を講じても遅いということになります。

呼吸数が最も早く熱ストレスの症状として現れますから、通常よりも呼吸数が多くなった段階で対策を講じることが重要です。

人の場合、熱帯夜は寝苦しくなり、体調も悪くなりがちです。牛も同様です。1日の最高気温よりも、最低気温の方が影響は大きいことが報告されています(注)。たいてい最低気温は夜間ですので、夜に気温をできるだけ下げることも考慮する必要があります。

■牛と牛舎の熱の出入り

夏季の日中の暑熱時に牛に入ってくる熱と牛から出ていく熱の流れを**図1**に示します。熱は温度の高い所から低い所に流れます。熱の発生源は太陽と牛の体になります。

牛の体に入ってくる熱は、畜舎の屋根の裏面から放射という形態で直接体に届きます。日射で屋根の温度が上がり、屋根の舎内側の表面温度が牛の体の表面温度よりも高くなると屋根から牛に熱が伝わります。電磁波の放射という形態で伝わるので、途中の空気がどのような状態であっても伝わ

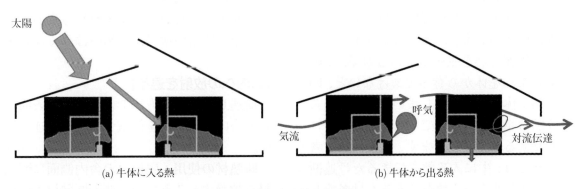

(a) 牛体に入る熱　　(b) 牛体から出る熱

図1　牛に入る熱と出る熱

る熱にあまり影響がありません。また畜舎の開口部から直接日射が入る場合は、太陽から牛に熱が伝わります。

次に牛から出ていく熱について述べます。105㌻図1のように3つの流れがあります。まず呼気によって体から熱を出します。これは、水が蒸発するときに周りの熱を奪い周りの温度を下げる原理と同じです。蒸発するときに周囲の空気の水分量が多い、すなわち相対湿度が高いと蒸発しにくくなり、牛の体から熱を出しづらくなります。前述したように、相対湿度の影響の方が気温よりも大きい理由はこのためです。

2番目の熱の流れは、気流(風)によって牛体表面から熱が持ち出される流れ(対流伝達)です。扇風機で涼しさを感じる原理と同じです。気流が速ければ速いほど、牛体表面から持ち出す熱量は大きくなります。一般に搾乳牛に対しては2.0〜3.0m／秒程度の気流が暑熱時には望ましいといわれています。また気流の温度が低ければ低いほど、持ち出す熱量は大きくなります。牛体表面温度よりもできるだけ低く、速い気流を牛に当てれば、多くの熱を牛から奪うことができ、牛は涼しさを感じます。

3番目は、牛の体から直接、物に伝わる熱の流れです。夏季にフリーストール牛舎で、糞尿でぬれた通路に横臥(おうが)している牛を見掛けることがあります。このとき、ぬれた通路の方が牛体の表面温度よりも低く、熱は牛から通路に流れ、牛は涼しさを感じます。このような熱の伝わり方を伝導といいます。

牛に入る熱の量が出ていく熱の量よりも大きければ、熱は牛の体にたまります。また牛は代謝で熱を生産しているので、この発生した熱を体から奪ってあげないと、同様に熱が体にたまってしまいます。体から奪う熱の量を多くすることで、熱ストレスを低減することができます。暑熱対策を考えるときは、牛に入る熱をできるだけ遮断し、牛から出ていく熱をできるだけ多くしてあげることが肝要です。

■牛体に熱を入れない暑熱対策

具体的な暑熱対策技術について、前述した熱を入れない技術と牛体から熱を奪う技術を表2に示します。まず牛体に熱を入れない対策について説明します。

表2　暑熱対策技術

牛体に入る熱を遮断する技術	屋根面の日射を反射	①屋根を白くする
		②機能性塗料の塗布
	舎内への放射を遮る	①断熱材の使用
		②屋根裏面に機能性建材を敷設
		③屋根散水
		④光触媒塗料と屋根散水
牛体に入る熱を遮断する冷房・換気設備		①地中熱ヒートポンプ利用のスポット冷房システム
		②送風・細霧
		③トンネル換気システム
		④閉鎖型横断換気システム

【屋根面の日射の反射】

屋根を白色にする：従来からある方法で、屋根に石灰をまきます。屋根が白色になるので、日射を反射しますが、雨が降ると石灰が流れてしまうので、できれば塗料で白色にすることが望ましい。一般に屋根材はガルバリウム鋼板で、そのままの銀色系だと日射の反射率は約50％ですが、白色にすることで反射率は約90％に上がります。反射した熱量の分だけ屋根に熱が加わらないので、屋根の温度上昇を抑えられます。屋根の温度が上がらなければ舎内の牛への熱放射量も少なくなります。

機能性塗料の塗布：近年、機能性塗料と呼ばれるさまざまな塗料が市販されています。断熱塗料もその1つで、セラミックの粒子が入って日射反射率を高めるものもあります。通常の塗料より価格は高くなります。

【舎内への放射を遮る】

前述した以外の方法で舎内側屋根表面からの舎内への放射を低減する方法を述べます。

断熱材の使用：屋根材の舎内側面に断熱材を敷設することで舎内側の断熱材表面の

温度が屋根材だけの場合と比較して下がるため、牛体に入る放射による熱量が減ります。筆者の実験では、厚さ5cmの断熱材をガルバリウム材の屋根に設置した場合、舎内に向いた面の温度は75℃から36℃に下がりました。これだけ温度が下がれば、牛に伝わる熱量もかなり抑えられます。

屋根裏面への機能性建材シートの敷設：一般住宅建材に用いられている方法で、アルミが蒸着された機能性シートを屋根の裏面に敷設します。このシートには水の透過性があり、**写真1**のように、屋根の舎内側面に貼ることで屋根からの放射熱を遮断できます。

写真1　屋根の内側に敷設した機能性建材シート

屋根散水：古くからある方法で、屋根への散水で温度を下げる効果があります。留意点は散水する時に水の流路ができてしまうと、屋根面全体に水が行き渡らなくなり屋根の温度が下がりにくくなることです。

光触媒塗料の塗布と散水：屋根散水の留意点を解決するために屋根に光触媒塗料を塗布します。光触媒は水との親和性が高いので、水の流路ができずに、屋根面全体に水が行き渡ります。このため、散水だけの場合と比較して、屋根の温度をより下げることが可能となります。

屋根を2層にする：図2に示したように、屋根の上にさらに建材を貼ります。屋根と建材の間の空気が流れて、屋根の熱を奪うと同時に日射からの熱を遮断する効果もあります。

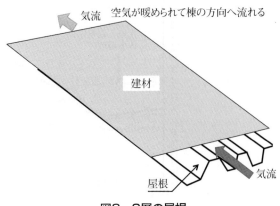

図2　2層の屋根

■牛体から熱を奪う冷房・換気設備

【ヒートポンプを用いたスポット冷房】

前述したように牛の熱ストレスを低減するには、低湿度で低温の速い気流を牛の体に当てることが一番です。空気の温度は空気中に水を噴霧し、気化冷却の効果で下げることができます。しかし相対湿度が上がってしまい、気温が下がったにもかかわらず、逆に牛の体感温度が上がってしまう場合があります。

そこで筆者はヒートポンプを用いスポット冷房システムを開発しました(**図3**)。

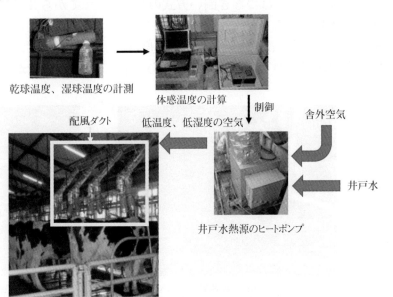

図3　地中熱ヒートポンプを用いたスポット冷房システム

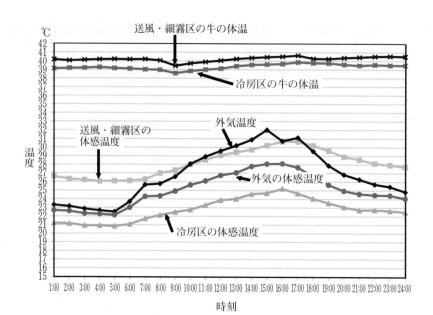

図4　スポット冷房システムによるの温度の違い

　牛舎の相対湿度を上げないようにするため、空調機を使用することが考えられます。通常のエアコンと同じですが、牛舎の広大な空間をエアコンで冷やすのはコストがかかり過ぎるため現実的ではありません。そのため新たな冷房システムでは牛舎内の空気を冷やすのではなく、牛の体自体を冷やす方式とし、ヒートポンプには冷房性能が良い地中熱を利用しました。

　ヒートポンプ内で井戸水が舎外の空気から熱を奪い、湿度と温度を下げた空気をつくり、その空気を牛のストールに送風します。このシステムはつなぎ飼い方式の牛舎向けに開発されました。試験結果の一例を**図4**に示します。冷房区の牛の体感温度は、送風・細霧区よりも6℃程度低くなり、牛の膣内温度も冷房区の方が1℃低くなりました。

　これによって、採食も良くなり**写真2**のように、冷房区に残餌は見られませんでした。乳量も有意に増加し、乳質もタンパク質の割合が有意に高くなった結果が得られました。**図5**は試験で用いた牛の冷房を行った場合と送風・細霧に変えたときの乳量の変化の例です。かなり乳量が下がってしまっていることが分かります。また冷房をやめてから3日後に乳量が下がっており、前述したように、熱ストレスがかかってから3日後くらいに乳量に影響が出ることが見て取れます。繰り返しますが、症状が現れてからでは遅いということです。早めの対策が肝要です。

冷房区：残餌なし

送風・細霧区：残餌あり

写真2　スポット冷房による採食の違い

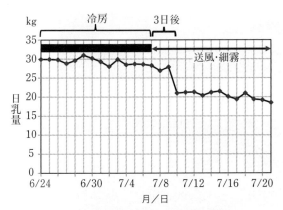

図5　スポット冷房による乳量の変化

【送風・細霧技術】

現在最も普及している方法です。細霧によって気化冷却効果で気温を下げて、その空気を送風して牛の体から熱を奪います。以前は舎内温度に応じて稼働のオン・オフが行われていましたが、最近では体感温度と同様の熱指標であるTHIというものを用いて機器を制御するタイプが出てきました。THIは体感温度と同じように、気温と相対湿度から計算されます。これを次の式に示します。

$$THI = (0.8 \times T_{DB}) + \frac{RH}{100} \times (T_{DB} - 14.4) + 46.4$$

この式のRHは相対湿度(%)、T_{DB}は乾球温度(℃)を表し、THIの値が72(高泌乳牛では65)を超えると乳量に影響が出るといわれています。

前述したように、細霧をすると相対湿度が上がってしまい、牛には逆効果な場合もあることに気を付ける必要があります。

【トンネル換気】

高速度の気流ほど牛から多くの熱を奪うことができます。トンネル換気システムは最も速い気流を畜体に供給できる方式といわれています。図6に示したのは閉鎖型畜舎の換気システムです。台湾では開放型つなぎ飼い牛舎で、ストールの前後に長手方向に上からビニールシートを垂らし、妻面に換気扇を置いて、擬似的なトンネル換気を行っている例があります。

この方式の欠点は、排気側に行くに従い、温度が高くなり、空気も汚れていくことです。温度、湿度、アンモニアなどの環境要因の分布が大きくなります。

【横断換気システム】

横断換気システム(LPCV方式)は前述のトンネル換気の欠点を補った方式で、建物の側壁間で換気を行います(110ページ図7)。筆者の研究グループは閉鎖型の横断換気搾乳牛舎システム(次世代閉鎖型牛舎)を開発し、実証試験を行いました。現在は日本各地に同型の牛舎が数軒建てられ、営農に使用されています。

ところで閉鎖型というと先入観で壁に囲まれ、暑いイメージがあるかと思います。日本の酪農牛舎の多くは開放型牛舎であるため、換気は自然換気となります。牛舎の換気は立地条件や方位、牛舎構造によって左右されます。開放型牛舎は側壁部、妻部に壁構造がなく、ほぼ屋根と柱だけのものが多く、側壁部には通常カーテンが設置され、カーテンの上げ下げで換気を調節しています。軒高を高くして、できるだけ換気を良くしようとしていますが、結局は十分

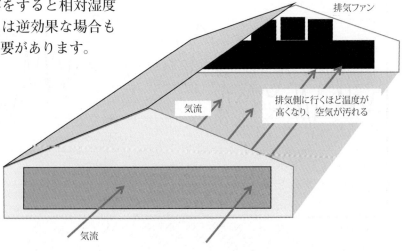

図6　トンネル換気システム

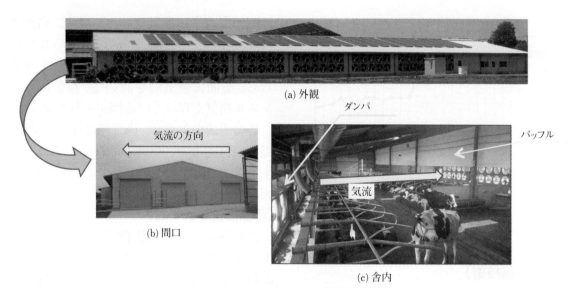

図7　次世代閉鎖型牛舎の横断換気システム

な換気量が得られず、多くの場合、送風機を設置しています。この実態が意味するのは、開放型牛舎では熱ストレスを軽減できず機械換気に頼っているということです。

筆者の研究グループは、この観点に加え、牛は空気中の水分の影響を多大に受けることを考慮して閉鎖型とし、舎内の気流速度をできるだけ高めて、牛体から多くの熱を奪う方式にしました。夏季においては舎内の平均気流速を2.0m／秒以上に維持できます。**図7**の(c)に示したカーテン状のバッフルというものを舎内に設置することで気流の流れを安定化させています。また同図(c)のダンパによって入気流の方向を制御することで効果的に気流速を高められました。

冬季でもダンパを上向きにすることで、外気の冷たい気流が直接牛に当たることを避けられます。バッフルやダンパの設置条件に関しては、数値流体力学を用いてシミュレーションで条件を見いだし、実際に現場で検証を行い、運用しています。換気扇は舎内の牛の体感温度の指標である修正THIによって回転数を制御して、気流速度を調整しています。この修正THIという指標は、前述の式にさらに気流速度と放射の影響を加味したものです。

このシステムの効果について、比較的暑かった2015年の夏の例を示します。**図8**は

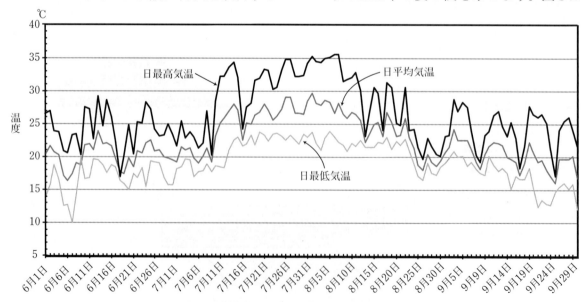

図8　試験を実施した2015年夏季の外気温度

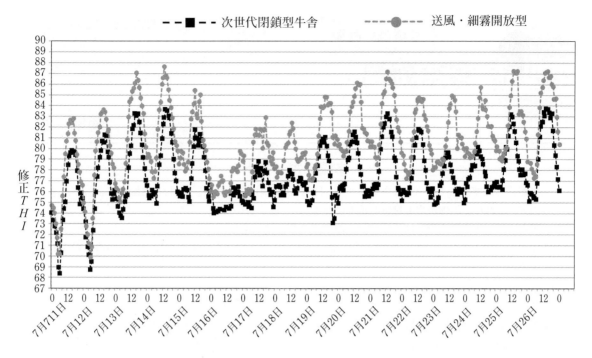

図9 次世代閉鎖型牛舎と送風・細霧開放型牛舎の修正 THI の比較

そのときの外気の日平均、最高、最低温度です。このような気象条件のときに舎内の日最高温度は、従来の送風・細霧の開放型牛舎と比較して、約2℃低くなり、日最低気温も約2℃低くなりました。体感の指標となる修正THIも図9に示したように、送風・細霧の開放型牛舎と比較して低くなりました。これらの結果は次世代閉鎖型牛舎が舎内環境を涼しくしていることを示しています。

では、送風・細霧の開放型牛舎よりも舎内環境が涼しくなると牛にどのような効果があったかを示します。図10 は次世代閉鎖型牛舎と送風・細霧の開放型牛舎の牛の呼吸数です。次世代閉鎖型牛舎の方が、かなり低くなったことが分かると思います。乳量も次世代閉鎖型牛舎の方が1日1頭当たり7kg程度増加し、授精回数も減少する結果を得ました。

次世代閉鎖型牛舎は夏季の暑熱に対しての効果はかなりあると思います。課題は初期導入コストが高めであることです。

◇　　◇　　◇　　◇

さまざまな暑熱対策がありますが、単独実施では不十分で、できる多くの対策を同時に実施することが肝要です。何度も強調したように乳量低下や餌の食いが悪くなるという暑熱の症状が現れてからでは、既に熱ストレスがかかってしまっています。呼吸数を見て、早めに対策を講じることが重要です。

(注)徳島県立農林水産総合技術センター畜産研究所・香川県畜産試験場・愛媛県畜産試験場・高知県畜産試験場(2000年)「先端技術地域実用化促進事業報告書」『乳牛夏バテ症候群の実用的早期発見技術の開発と効果的対応技術の実証』

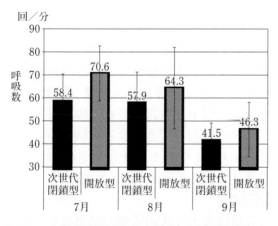

図10 次世代閉鎖型牛舎と送風・細霧開放型牛舎の呼吸数

第Ⅲ章 牛舎環境の制御 寒冷対策

菊地 実

本稿のポイント
①牛が感じる寒冷ストレスは、空気の対流、日差しの輻射(ふくしゃ、放射)、熱伝導によって決まるので、これらの制御が寒冷対策の基本になる
②牛舎の長軸が東西だと、日差しが牛舎の奥深くまで差し込む
③屋根や妻壁の資材に日差しを通すポリカーボネート樹脂などを使用して採光性を高めるのも有効である

牛が感じる寒さ(寒冷ストレス)の程度は、**表1**に示した通り、❶日差しの輻射❷空気の対流❸熱伝導(接する物から伝わる温かさ、冷たさ)—によって決定されます。

牛舎内を対流する空気、つまり牛がさらされる空気の環境は、熱的環境(空気の冷たさ、暑さ)と衛生的環境(空気の新鮮さ)で構成されます。

牛舎内の空気の熱的環境や衛生的環境は、換気(新鮮な外気を牛舎内に引き込んで空気を入れ換える)の程度によって決定されます。併せて、そのときに牛が感じる温度(牛にも体感温度があるという前提で)は、温度に加えて湿度の影響も受けます。

牛舎内の寒冷対策は表1の3つの要素を組み合わせて実施します。そこで取られた対策の是非は、牛の行動と乳量および健康レベルとして表れます。

表1 寒冷ストレス(体感温度)を決める要因

要因	対策
日差しの輻射(放射)	採光性向上
空気の対流	換気
熱(低温)の伝導	壁や床の低温を遮断

■寒さへの適応力

寒さに対する適応力は、哺乳から分娩に至るまでの各段階で異なります。

【哺乳牛】
　哺乳牛は体重に対し体表面積が大きいこと、発熱器官でもあるルーメンが発達途上であること、この2つの理由で寒さへの適応力が低いといえます。さらに、幼若であるため不衛生な環境への適応は難しいものです。この場合の不衛生には、牛床や壁などの施設環境に加えて、空気の衛生も含まれます。つまり、牛は幼若であればあるほど、飼養環境の影響を受けやすいことを意味します。冬季に飼養される幼若な牛で優先される環境は、温度より衛生です。その代表的な例がカーフハッチで、冬季のカーフハッチでの飼養には、温度を捨てて、空気の衛生改善を優先するという狙いがあります。

【分娩牛】
　成牛は発熱器官でもあるルーメンが発達しているので、寒さに耐える強さはあります。しかし分娩を迎えた牛にとって、分娩そのものが大きなストレスになり、さらに寒さのストレスが加わることは分娩後の健康度と乳量に影響を与えます。**写真1**は、分娩した母牛に牛衣を着せて体温保持を行い産後の回復を促進させる事例です。このことからも、分娩した牛は寒さの影響を強く受けていることが示唆されます。

【搾乳牛】
　乳量は多大な代謝活動の結果として得られるものです。搾乳牛を寒さにさらすこと

写真1　牛衣による産後回復の事例

は、その寒さに対して消費されたエネルギー分だけ乳量が減り、免疫力が低下することを意味します。

　筆者が経験した、寒さが乳量に影響を与えた事例を紹介します。北海道のあるフリーバーン牧場では、気温が低下し積雪が増す11月下旬～1月中旬の乳量が晩秋の時期と比べ、1頭当たり2kg／日ほど低下します。1月下旬～2月下旬は気温が－20～－15℃になり、低温は底を打ち、積雪はピークに達します。この時期になると乳量の低下は落ち着きます。

　12月中旬～2月中旬の厳冬期に搾乳牛が受ける寒冷ストレスは、低温のみがもたらすのではなく、牛舎内に差し込む日差しの範囲、湿度、空気の動き、牛床の温度などが複雑に影響し合った結果であることが示唆されます。

　寒さの影響は都府県でもあります。北海道に対し、府県の最低温度は高い水準にありますが、牛舎内の体感温度が北海道より低いと感じることは珍しくはありません。

■搾乳牛舎の温度低下を防ぐ

　冬季の牛舎内の温度低下を防ぐために、日光を利用します。これは**表1**の日差しの輻射による方法です。

【軒の高さと長さで日差しを取り込む】

　太陽の日差しが牛舎内の奥深くに届くような仕組み（構造）をつくります。
　フリーストール牛舎やフリーバーンでは軒（イーブ）の高さと軒の長さ（屋根のせり出し幅、長さ）で牛舎内への日差しをコントロールできます。軒高は牛舎の幅によって異なりますが、自然換気施設の場合、多くは4.2～4.5mです。屋根の軒の長さは、軒高の1／3が目安です（**表2**）。例えば、軒高4.2mの場合、軒の長さは1.4m、軒高4.5mだと1.5mです。

表2　フリーストール、フリーバーン牛舎の軒の高さと軒の長さ（幅）の目安

軒の高さ	軒の長さ
4.2m	4.2÷3＝1.4m
4.5m	4.5÷3＝1.5m

　軒高の高低には、換気と採光という2つの意味があります。夏季の換気は牛舎の壁（カーテンウオール）を全面開放し横断換気に依存します。その効率を上げるために軒を高くして開放面を大きくします。一方、冬季の換気は牛舎の壁を閉じて、呼気や牛の体温で温まった空気が上に向かって流れる自然の対流を利用し、屋根の頂点（リッジ）から屋外に排気し、軒の隙間から、新鮮で冷たい空気を引き込みます。

　軒高の高低は冬に牛舎内に差し込む日差しの届く範囲に影響します。前述した軒高と軒の長さは、季節と太陽の高さ、季節による日差しの角度を根拠に設定されています（**図1**、114ﾍﾟ**図2、3**）。

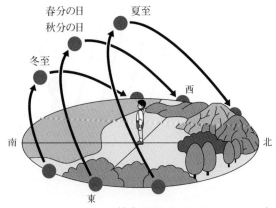

((C) 2002-2011 Nippon-Hyoiun)

図1　季節による太陽の高さの違い

夏の太陽は高い位置を通過し、ほぼ真上から日が差します。一方、冬は低い位置を通過し、日差しの角度は斜めになります。

軒を長くすると、夏は日陰をつくる効果がありますが、牛舎の向きで結果が異なります。牛舎の長軸が南北の場合、夏の午後から夕方の時間帯に軒で日陰ができないため日差しが入ります(**写真2**)。また、南北に建てられた牛舎は、冬に牛舎内に差し込む日光が少なく、寒さ対策にも不利になります(地形や予定地の形状、表面水の流れる方向、風の向きなどによって牛舎の長軸を南北にせざるを得ない場合もあるでしょう)。

牛舎の長軸が東西だと、夏は太陽が牛舎に沿ってほぼ真上を通過するので、長い軒で日陰ができます。一方、冬の太陽は低い位置を移動するので、日差しが牛舎の奥深くまで差し込みます(**写真3**)。

つなぎ飼い牛舎で冬の日差しを取り込むためには、窓の総面積を大きくする必要があります。**写真4、5**の事例は、連続的に窓を配置し、冬季に日差しをたくさん取り込み、牛舎内が明るくなるようにデザイン

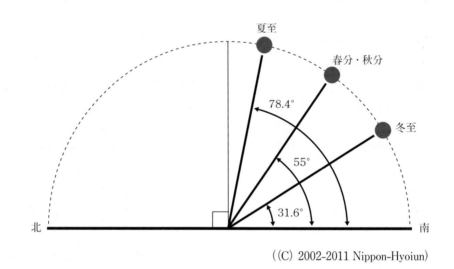

((C) 2002-2011 Nippon-Hyoiun)

図2　季節による日差しの角度の違い

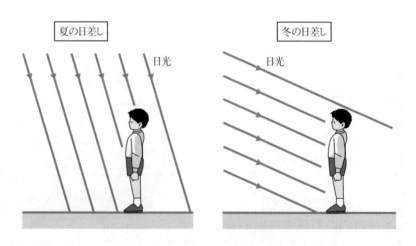

((C) 2002-2011 Nippon-Hyoiun一部変更)

図3　夏と冬の日差しの角度の違い

された牛舎です。牛は冬の日差しを浴びて、「ひなたぼっこ」状態になっています(写真6)。

【屋根と妻壁から日差しを取り込む】

屋根の資材に日差しを通すポリカーボネート樹脂などを選択し、日光を牛舎に取り込むことで寒さを和らげます。南側の屋根の50％をポリカーボネート樹脂にした事例では、そのエリアは明るく、牛もたっぷり日差しを受けることができます(写真7、8)。一方、ポリカーボネートを使用していない北側のエリアでは、南側の屋根から日

写真2　長軸が南北の牛舎の日差し。7月下旬の15時ごろに撮影。軒で日陰ができずに外側に配置された牛床の全面に日差しが入る

写真3　長軸が東西の牛舎の日差し。1月中旬の11時ごろに撮影。太陽の高さが低い位置で移動するので、日差しが斜めになり、牛舎の奥深くまで日差しが入る

写真4　連続的に窓を配置した牛舎の例①

写真5　連続的に窓を配置した牛舎の例②

写真6　連続的に窓を配置した牛舎の内部

写真7　南側屋根の50％に透明資材を使用した例

写真8　屋根の50％に透明資材を使用した牛舎内の明るさ

差しが入ってきますが、それほど明るくありません（写真9、10）。

冬の日差しを取り込む牛舎構造は特に北海道で必要です。ちなみに、夏の日差しによる暑熱ストレスは屋根の高さとファンの数と配置によって緩和できます。妻壁に透明な資材を使うことでも日差しを取り込むことができます（写真11）。

写真9　北側の屋根（透明資材を使用していない側）

写真10　北側のエリア（透明資材を使用していない側）の日差し

写真11　妻壁の全面に透明資材を使用した例

■冷たい空気で牛の体を冷やさない

牛を寒さにさらさない換気対策を紹介します。これは112ページ表1の空気の対流を制御する方法になります。

【換気で感じる寒さ】

冬は空気の流れで牛の体温を奪わないように換気する必要があります。このことは、フリーストールのような自然換気牛舎（コールドバーン＝牛舎内の温度が外気とほぼ同じになる）でも、つなぎ飼い牛舎（ウオームバーン＝牛舎内の温度が外気よりも温かい）でも同じです。

換気と隙間風は異なります。換気は牛舎内全体の空気が入れ替わることを意味します。隙間風は、部分的に差し込む風（空気）のことです。牛に寒冷ストレスを与えずに換気するには、牛体の周囲の空気がゆっくり動く条件にすることが肝要です。

例としてサウナの水風呂があります。水風呂の水をかき混ぜると冷たさを強く感じますが、じっとしていると意外に冷たさを感じません。これは体温で暖められた水と冷たい水が体の周囲でゆっくり循環し入れ替わっていくことによります。

フリーストール牛舎の冬の換気は、牛の体から発生する熱で温められた空気が上昇することで起こる、空気の自然対流に依存した方法です。牛に寒さを感じさせない換気は、自然換気であれ、ファンを使った強制換気であれ、牛舎内の空気の対流を緩やかにすることが求められます。

外気が吹き込むような条件、例えば扉が開いている、壁やカーテンなどの隙間から風が吹き込む場合は、換気どころか、牛に寒さのストレスを与えます。ちなみに、牛が寒さを感じる空気の流れになっていると、飼槽の餌が冷えます。冷たい餌は採食量を落とす原因になります。

【陰圧換気】

牛舎の強制換気の例として、陰圧換気があります。陰圧換気は牛舎の一方の壁を入気側とし、その反対側の壁に付けたファン

写真12　陰圧換気に使われるファンの設置例（夏）

写真13　陰圧換気に使われるファンの設置例（冬）

を回すことで陰圧をつくり外気の吸入と牛舎内の空気の排気を行う方法です。**写真12、13**は陰圧換気に使用されているファンの夏と冬の例です。

通常の陰圧換気の空気は**図4**のようにファンに向かっておおむね水平方向で流れますが、**写真14**のように天井にバッフルを取り付けると、**図5**のように乱流ができます。バッフルは牛舎のサイズと構造を基に高さと間隔を設定します。陰圧で吸い込まれた空気は水平方向に流れますが、バッフルにぶつかることで、バッフルの前後で圧力差が発生し、上に向かう空気と下に向かう空気が生じます。この乱流をつくり出すことで、牛に風を当てながら、牛舎全体を換気します。この方法は通常の陰圧換気よりもエネルギーを使わずに、牛の体に当たる空気の流れと換気量（時間当たりの換気回数）を制御できます。

また冬は排気ファンの回転数を下げて、牛に寒さを感じさせないようにすることが重要です。

■冷たい物に触れさせない

暖かい物と冷たい物を接触させて一定時間がたつと、どちらも同じ温度になります。この過程を熱の伝導といいます。牛も冷たい物に触れると、熱の伝導が生じ体温が奪われます。

冷たい壁に接していなくても、そばにいるときに感じる冷たさ（輻射熱）、冷たい風にさらされ体温を奪われて感じる寒さも、

写真14　バッフルの設置例

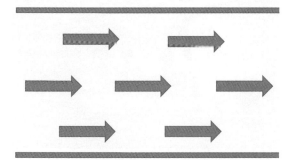

図4　通常の陰圧換気の空気の流れ

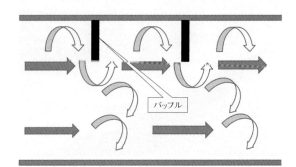

図5　天井にバッフルを付けた陰圧換気の空気の流れ

熱の伝導に含まれます。牛を冷たい物に触れさせない寒冷対策が112ページ表1の熱の伝導を制御する方法です。

牛から体温を奪う主な物は牛床で、その影響を最も受けるのが哺乳牛です。哺乳牛の寒さ対策として有効なのは、敷料を厚く入れることと体に風を当てないことです。哺乳牛は写真15のように乾燥した敷料に埋もれ、風が当たらない環境で飼うのが理想的です。

搾乳牛も同様で、牛床の冷たさが体に伝わらないようにすると、寒さのストレスを和らげることができます。実際にできるのは、冷たさの伝導を緩和できるような敷料と牛床の素材を組み合わせること、それに牛床の乾燥状態を維持することです。この2つの対応はつなぎ飼いでも、放し飼いでも同じです。牛床にゴムマットを敷くことで、ある程度冷たさの伝導を和らげることはできますが、敷料は必須です(写真16～19)。

最低気温は北海道で−5℃から−15℃に、同様に九州で10℃から0℃に下がったりします。この場合、北海道でも九州でも温度の低下は10℃です。筆者は寒さのストレスは気温が何℃下がったかで影響度は同等になると考えています。その意味で、寒さ対策は北海道に限ったことではなく、全国で必要なものと考えるべきでしょう。

写真15　乾燥した敷料が十分入ったカーフハッチ

写真16　コンクリート床に砂の敷料を敷いた例

写真17　コンクリート床に戻し堆肥とオガ粉を敷いた例

写真18　牛床ゴムマットにオガ粉を敷いた例

写真19　牛床ゴムマットに麦稈を敷いた例

第Ⅲ章 換気構造

牛舎環境の制御

堂腰 顕

本稿のポイント

① 暑熱期は牛舎内の空気を1時間当たり40回、厳寒期は同4回入れ替えられる換気量が必要
② 自然換気方式における屋根構造は、空気の流れが速いオープンリッジ型が勧められる
③ トンネル換気における換気扇の設置台数は牛舎の容積、換気回数、換気扇の1台当たりの能力で決める

■乳牛に必要な換気量

牛舎の換気構造は乳牛を快適な環境で飼養する上で非常に重要です。夏はできるだけ外気を取り入れて温度上昇を抑えること、冬は牛舎内の汚れた空気と牛から排出された水分(湿度)を適度に排出して、舎内の凍結と結露発生を抑えることが目的になります。

牛舎内の必要換気量は牛舎の容積に基づいて計算します。暑熱期の換気量は牛舎容積の2／3(㎥／分)とし、厳寒期は同じく1／15(㎥／分)とすることが推奨されています。言い換えると、暑熱期は牛舎内の空気を1時間当たり40回以上、厳寒期は同

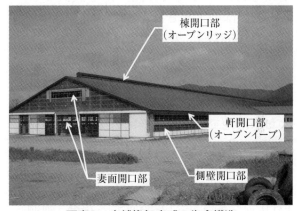

写真1　自然換気方式の牛舎構造

4回以上入れ替える必要があります。

■自然換気方式

自然換気方式は外からの風や温度差により牛舎内を換気する方式です。そのため、換気回数を最大化するためには、夏は牛舎内により多くの風を取り入れられる構造にする必要があります。一方で、冬は外から入ってくる冷気と牛によって暖められた空気とを混合しながら、適度な量の空気を排出する構造が求められます(**図1**)。自然換気方式の空気の流入部と排出部は軒開口部、棟開口部、側壁開口部、妻面開口部に分けられます(**写真1**)。

【棟開口部】

自然換気方式における屋根構

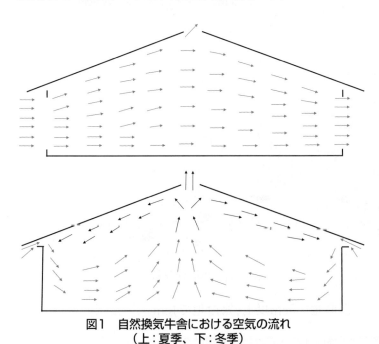

図1　自然換気牛舎における空気の流れ（上：夏季、下：冬季）

造はオープンリッジ型が勧められます。これはセミモニタや片流れ型に比べて、牛舎内の空気の流れが速いためです。屋根の角度は、冬の温度差が大きくなる寒冷地では3／10（牛舎の幅10mにつき3m高くなること）とするのが適当です。また、温暖地では屋根からの輻射（ふくしゃ）熱、寒冷地では結露を抑えるため、屋根に断熱材や羽目板などを施工して断熱するとよいでしょう。

屋根の頂上には、牛によって暖められた空気を排出するための開口部を設置します。開口部の大きさは、温暖地は間口3mにつき5cm以上、寒冷地では最低換気量を考慮して4cmが適当です。例えば、間口28mの牛舎における開口部の幅は温暖地は47cm以上、寒冷地では38cm以上となります。なお寒冷地では、オープンリッジに屋根を設置し、冬の風の方向側に防虫ネットを設置すると暴風雪時の雪の侵入を抑えることができます。ただし、オープンリッジに屋根（リッジキャップ）を設置する場合、両側の開口幅は空気の流れが悪くならないように0.75倍とします（**図2**、**写真2**）。

【側壁開口部と軒開口部】

牛舎側面の開口部は、暑熱期により多くの空気を取り入れられるよう、できるだけ広く開口できる構造にします。また、開口部のカーテンは上下2段とすることにより、暴風雨時の雨の吹き込みや敷料がぬれるのを防止できます。なお寒冷地では、軒を1,200mmと深くする（「軒の出〈側壁から軒先までの距離〉を長くする」ともいわれる）ことで、屋根からの落雪によるカーテンの損傷と、暴風雪時の雪の進入を防ぐことができます（**図3**）。

軒の開口部は、厳寒期の最低換気量を維持するための空気の取り入れ口として設置します。開口幅は棟開口部と同様に間口3mにつき5cm以上、寒冷地では4cmが適当で、両側壁にこの幅の1／2ずつ配置します（**図3**）。例えば、間口28mの牛舎における開口部は温暖地では両側に幅24cmずつ、寒冷地では両側に幅19cmずつ配置します。

写真2　オープンリッジ（屋根付き）

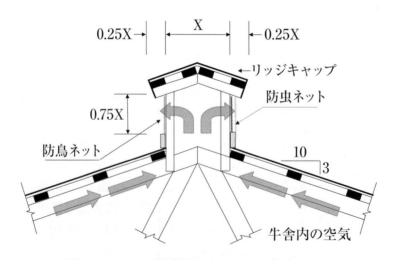

X＝間口3mにつき温暖地で5cm以上、寒冷地で4cm

図2　棟開口部の構造（オープンリッジ屋根付き）

また、寒冷地では軒開口部への雪の吹き込みを防止するために、吹き込み防止板を設置することが勧められます(**写真3**)。

【妻面開口部の構造】

暑熱期の換気を最大化するには、給餌機械や除糞機械などの出入り口となる妻面の開口部をできるだけ開けられるようにすることが求められ、引き戸を完全に開口できる構造や折り畳んで開口できるカーテン構造が勧められます。さらに、ドア上部の妻面にも開口部を設置して、開口面積を最大化することが勧められます(119ページ**写真1**)。

■ **機械換気方式**

機械換気は送風機などにより、必要換気量を達成する方式です。自然換気に比べて、外からの風の影響を受けずに換気量を調節できることが利点ですが、牛舎が大きいほど設置と維持コストが高くなることが欠点となります。

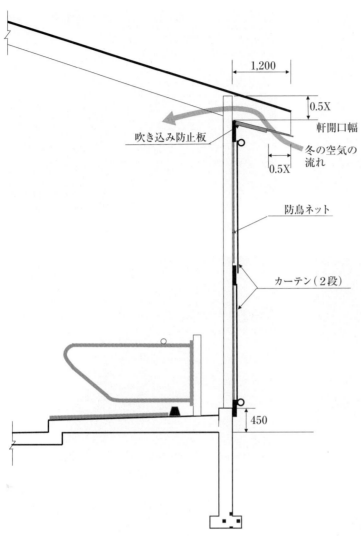

図3　牛舎側面の構造（単位：mm）

写真3　軒開口部の吹き込み防止板

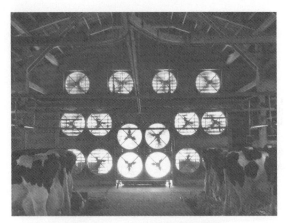

写真4　トンネル換気の設置例

写真5　冬季におけるトンネル換気

写真6　送風機の配置例

写真7　軒開口部が適切でない牛舎の例

写真8　天井に発生した結露

【トンネル換気】

　トンネル換気はつなぎ飼い牛舎に利用できます。一方の妻面に換気扇を設置して牛舎内の空気を排出し、もう一方の妻面の入気口から新鮮な空気を取り入れて換気する方式のため、牛舎の戸や窓などから入る隙間風を完全に遮断する必要があります。トンネル換気における換気扇の設置台数（a）は❶牛舎の容積❷換気回数❸換気扇の1台当たりの能力—を用い次の式で計算します。

❶×❷＝❸×a（換気扇の台数）

$a =$ （❶×❷）÷❸

　例えば、間口13mで軒の高さ3.6m、屋根角度が3／10のタイストール牛舎では、❶の牛舎の容積は3,952.41㎥となります。❷は夏の必要換気回数が40回／時なので、1分当たり2／3回となります。❸は換気扇の能力をJIS B8330で345㎥／分とすると、抵抗（静圧）による能力低下（一般に90％）を考慮して、310.5㎥／分と見積もります。

　これらから、必要な換気扇台数は（3,952.41×2／3）÷（310.5）＝8.49なので9台となり、計算した台数を妻面全面に設置することが一般的です（**写真4**）。なお、もう一方の妻面の開口部はできるだけ開放して、空気の進入を阻害しないようにします。

　トンネル換気の弱点は寒冷期の換気です。寒冷期の必要換気回数は4回／時であ

るため、前述の牛舎では1台程度となり、牛舎内の空気の流れを維持することが難しくなります。空気の流れが悪くなると牛舎内上部の暖かい空気と底部の冷たい空気の混合が不十分になり、結露が発生しやすくなります。このため、冬季のトンネル換気は上部の複数台の換気扇を低回転で回転させて牛舎全体の空気を動かすとともに、使わない下部の換気扇からは冷気が進入しないようにカーテンを設置するのが適当です（**写真5**）。

【送風機】

牛舎内に空気の流れを確保するために送風機を設置する場合は、できるだけ多くの牛に風を当てて体感温度を下げるようにします。そのため、送風機は採食している牛と休息している牛の上部に設置することが適当で、牛に当たる風が強いほど効果が大きくなります（**写真6**）。

■自然換気の問題と原因

【オープンリッジからの雪の吹き込み】

この問題の多くは、側壁の軒開口部が設置されていないことが原因と考えられます（**写真7**）。軒開口部からの空気の流入量により、オープンリッジからの空気の排出量が決まるため、軒開口部が不十分な場合は、オープンリッジから排出される空気の排出量が抑えられ、雨や雪の進入を防ぐことができなくなります。

【開口部の閉鎖と結露】

牛舎内の温度を上昇させる目的で、軒や棟の開口部を閉鎖することは結露の発生を助長するため勧められません（**写真8**）。結露は、換気量が少ないと牛舎内の空気の流れが悪くなるため、牛舎の天井部分に暖かい空気が止まり、外気温との差が大きくなることで発生します。

一方で、冷たい空気が底面や牛舎の妻面付近にたまりやすくなるため、糞尿ピットやバーンクリーナなどの凍結の問題を解決する手段としても有効ではありません。また、牛舎内の湿度が上昇するため、病原菌の増殖を促し、感染性の疾病リスクが増加するだけでなく、構造材の腐食を促進してしまいます。

【牛舎内が高温になる】

この問題は牛舎の最大開口面積が狭いため起こることが多い。特に寒冷地では、屋根からの落雪や暴風雪によるカーテンの損傷を少なくするため、側壁の立ち上げを高くしてしまいます。それが暑熱時に換気不足につながり、牛舎内の温度上昇を招く大きな原因となります（**写真9**）。

写真9　側壁開口部が狭い牛舎の例

絶賛発売中！ Cow SIGNALS®

カウシグナルズ チェックブック
Jan Hulsen 著
及川　伸 監・訳
中田　健 監・訳

乳牛の健康、生産、アニマルウエルフェアに取り組む

観察項目を54枚のカードに分け、現場作業と並行して「シグナル」の観察・対応ができる便利なテキストです。

ページ表面はフィルム加工により汚れや水に強く、牛舎や放牧地など「作業現場に持ち込んで」活用し、経営改善に役立てることができるお薦めの一冊です。

Ａ４判 100頁 全頁カラー・ＰＰ加工
定価　本体価格4,381円＋税
送料267円＋税

Hoof Signals
Jan Hulsen 著
中田　健 訳

健康な蹄をつくる成功要因

死亡、廃用となる病気の多くは運動器病＝蹄の病気。また、蹄病が元で、ルーメン異常や乳量減少が起こる恐れもあり、蹄の健康保持は生産性を向上する重要な方法です。

本書は、農場における蹄の健康管理に必要な情報を網羅した、実践的な指導書です。

サイズ 205×265 mm 70頁 全頁カラー
定価　本体価格3,000円＋税
送料350円

■シリーズ既刊■

本シリーズのテーマは、乳牛が発する「シグナル」を捉え、健康状態や牛乳生産状況までを知る「牛の観察法」。全カラー写真・図表をふんだんに用い解説します。オランダで初出版、ドイツ語・デンマーク語・スペイン語・英語などに翻訳され、欧州を中心に世界中で販売されています。酪農家はもちろん、獣医師や家畜改良普及員など関係者のマニュアルとして、また、酪農を学ぶ学生には最適の教科書です。

Cow SIGNALS
乳牛の健康管理のための実践ガイド
定価　本体価格2,857円＋税　送料390円

Udder Health
良好な乳房の健康のための実践ガイド
定価　本体価格1,905円＋税　送料240円

Fertility
上手な繁殖管理の実践ガイド
定価　本体価格1,905円＋税　送料240円

From calf to heifer
乳牛の育成管理のための実践ガイド
定価　本体価格1,714円＋税　送料240円

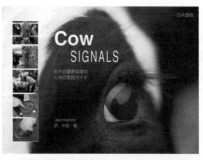
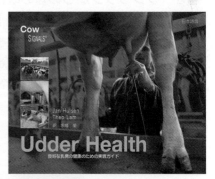
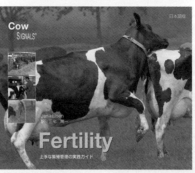

― 図書のお申し込みは ―

デーリィマン社 管理部

☎ 011(209)1003　FAX 011(271)5515
〒060-0004 札幌市中央区北4条西13丁目
e-mail kanri@dairyman.co.jp

※ホームページからも雑誌・書籍の注文が可能です。http://dairyman.aispr.jp/

第Ⅳ章

牛舎評価のポイント

環境のモニタリング……………………高橋　圭二　126

アニマルウェルフェア…………………瀬尾　哲也　135

乳牛行動…………………………………竹田　謙一　143

牛体の汚れと損傷・ケガ………………及川 伸／中田 健　152

経営面からの投資の判断………………日向　貴久　163

第IV章 牛舎評価のポイント
環境のモニタリング

高橋 圭二

本稿のポイント

①温湿度計を装備して、牛舎環境を常にモニタリングすることが重要
②風速確認のため、簡易的な風速計を装備すると常時、暑熱対策の効果を確認できる
③自分で計測できない場合には、農業改良普及センターなど関係機関を活用する

牛舎内の環境は、季節や天候に応じ適切に管理する必要があります。換気のための牛舎構造や設備・機器は建設時に整えられます。乳牛にとって不快な状態にならないよう、牛舎環境の実態を計測しながら、牛舎の換気構造などを微調整する必要があります。本稿では牛舎内環境のモニタリング方法とその評価法について、酪農家だけでなく農協職員や普及員でも実践できるよう解説します。あまり一般的ではない計測機器も取り上げますが、農協や普及センターなどでもそろえて、ぜひ計測してください。

■牛舎内環境の計測方法

【基本的な考え方】

牛舎環境を快適に保つための換気構造や換気装置は適切に管理・運用しなければなりません。暑熱対策のためにトンネル換気構造とした場合、夏季はフル稼働をしてその性能を発揮させなくてはなりませんが、実際にその能力が発揮されているかは、牛舎内の温度だけではなく湿度や風速、ガス濃度などを計測することで判断します。牛舎内環境評価に使う項目として、温度・湿度、風速、ガス濃度、粉じん量、空中浮遊細菌数、大腸菌数があります。ここでは比較的容易に計測できる項目について紹介します。

【温度・湿度】

温度・湿度は基本的な牛舎環境の評価項目で、さまざまな計測機器があります。

乾湿計：温度、湿度を計測するための最も基本的な計測機器です。棒状温度計2本で構成され、1本は気温（乾球温度）を計測します（図1）。もう1本にガーゼを巻き（湿球）、これに水を付けて蒸発で低下した温度（湿球温度）を計測します。

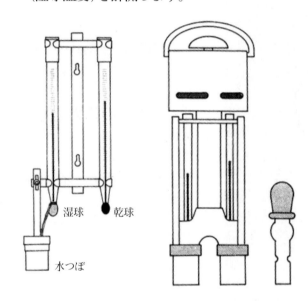

図1　乾湿計の例（左：無通風型、右：通風乾湿計）

湿度は乾球温度との温度差（乾球温度－湿球温度）から計算します。通風と通風なし、湿球が凍結しているかどうか、で湿度の算出法が異なります。計算は難しいので変換表（表1）を用いるのが一般的です。また、後述する湿り空気線図でも求めることができます。乾球温度、湿球温度は水の補給や維持管理にやや難点がありますが、簡単に計測でき、その値は体感温度を計算するための要素になります。

表1　湿度表の例

乾球の示度（℃）		乾球と湿球との示度の読みの差（℃）								
		0	1	2	3	4	5	6	7	8	9
	30	100	92	85	78	72	65	59	53	47	41
	29	100	92	85	78	71	64	58	52	46	40
	28	100	92	85	77	70	64	57	51	45	39
	27	100	92	84	77	70	63	56	50	43	37
	26	100	92	84	76	69	62	55	48	42	36
	25	100	92	84	76	68	61	54	47	41	34
	24	100	91	83	75	68	60	53	46	39	33
	23	100	91	83	75	67	59	52	45	38	31
	22	100	91	82	74	66	58	50	43	36	29
	21	100	91	82	73	65	57	49	42	34	27
	20	100	91	81	73	64	56	48	40	32	25
	19	100	90	81	72	63	54	46	38	30	23
	18	100	90	80	71	62	53	44	36	28	20
	17	100	90	80	70	61	51	43	34	26	18
	16	100	89	79	69	59	50	41	32	23	15
	15	100	89	78	68	58	48	39	30	21	12

　棒状温度計の代わりに、デジタル温度計や熱電対(ねつでんつい)を使って乾湿計をつくることもできます(**写真1**)。熱電対は大学などでの研究に使われるもので、計測のためにはデータロガー(記録計)が必要になります。

　デジタル温湿度計：湿球温度を計測して湿度を求めるのではなく、直接、湿度を表示するデジタル温湿度計(**写真2**)が多く市販されています。長期記録する機能を装備した機種もあります(**写真3**)。湿度の計測精度は利用する湿度センサによって変わります。0～50℃の範囲で精度が得られるようになっており、氷点下での湿度については精度が保証されませんが、一般的な利用には問題ありません。

　牛舎内や屋外の適切な場所に温湿度計を設置し、定期的に確認・記録することで牛舎内環境を適切に評価できます。持ち運び可能なデジタル温湿度計があると、移動しながら気になる箇所を計測できるので便利です。風速計の付いたハンディタイプもあるので、牛舎の環境管理のために装備するとよいでしょう。

【風速】
　風速計には風車型、熱線型、超音波型な

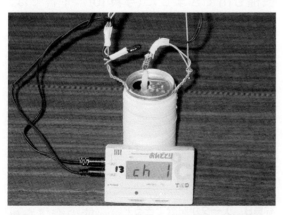

写真1　デジタル温度計を用いた乾湿計の制作例

写真2　デジタル温湿度計

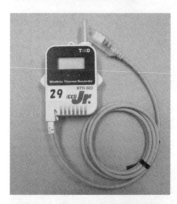

写真3　データ記録機能を持ったデジタル温湿度計

どがあります(写真4)。風車型風速計は、風速だけでなく温湿度も測れるものが多く、牛舎内の環境計測に適しています。熱線型は風速の精度が高く、研究向けといえます。超音波型も精度が高く、研究向けが多くありますが、写真4のセンサは比較的安価で、計測データをスマートフォンで確認できるタイプです。しかし、計測できる風速範囲が比較的狭いことが短所です。

現在、筆者は温湿度と風速センサを組み合わせた自作可能な牛舎内環境計測センサを開発しています(写真5)。これは複数点で連続計測ができ、データとして温湿度、風速に加え、これらの値から計算したTHI(温湿度指数)、修正THIを送信する機能を持った牛舎専用のセンサです。

【ガス濃度】

牛舎で計測するガスには炭酸ガス、アンモニアガスがあります。ガス濃度を測る機器は幾つかありますが、ガス検知管は低コストで利用でき、検知管を変えることでさまざまな種類のガスを計測できます(写真6)。計測するガス濃度の範囲によって検知管を選択し、牛舎の場合、炭酸ガスは100〜4,000ppm対応のものを、アンモニアガスは10ppm程度対応のものを利用します。

炭酸ガスについては、温湿度と一緒に計測できる炭酸ガス記録計があり、牛舎内での環境計測システムとして利用可能です(写真7)。アンモニアガスの計測器の多くは、一定以上の濃度になるとアラームを鳴らす機能があります。写真8はデータを記録できる機種です。

【放射温度計(サーモグラフィー)】

放射温度計は物体の表面温度を計測する機器です(写真9)。温度分布を色画像で示すのでサーモグラフィーと呼ばれます。計測精度が高く、計測画素数の多いものは非常に高価ですが、最近では10万円以下の機種も出てきました(写真10)。牛舎では、天井面の温度や断熱不足の箇所を見つけるときなどに利用します。

【湿り空気線図】

湿り空気線図は、ある状態の空気を単

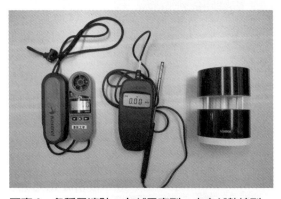

写真4 各種風速計。左が風車型、中央が熱線型、右が超音波型

写真5 牛舎内環境計測センサ(開発中)

写真6 ガス検知管によるガス濃度計測キット

写真7 データが記録できる温湿度、炭酸ガス濃度計

写真8 データが記録できるアンモニア警報装置

純に暖めたり冷やしたりした場合の湿度の変化や、結露の判断温度となる露点温度を知るためのもので、横軸に気温、縦軸に絶対湿度の軸を持ち、この平面上に相対湿度を曲線で表します(図2)。暖房、冷房時のエネルギー計算、牛舎の換気量などを図上で確認したり、図から値を求めて計算したりすることもできます。ある状態の湿り空気のエネルギーや空気の比重、湿球温度の線を表記するものもあります。使い方にコツは必要ですが、普段の生活にも利用できる便利な図です。

■牛舎内の環境条件と評価手法

これらの計測機器を使い牛舎内環境を評価するには、温湿度や風速による体感温度、人間の不快指数にあたるTHI（温湿度指数）、換気量などを求めます。評価の際は、乳牛にとって適切で、快適な条件を満たしているかを判断基準にする必要があります。作業者が寒いからといって、牛舎内の管理温度を高く設定してはいけません。あくまでも乳牛が環境条件をどう体感するかによって判断します。

【温湿度に基づく体感温度】

温湿度に基づく体感温度は、乾湿

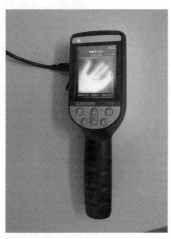

写真9 サーモグラフィーの例①

写真10 サーモグラフィーの例②

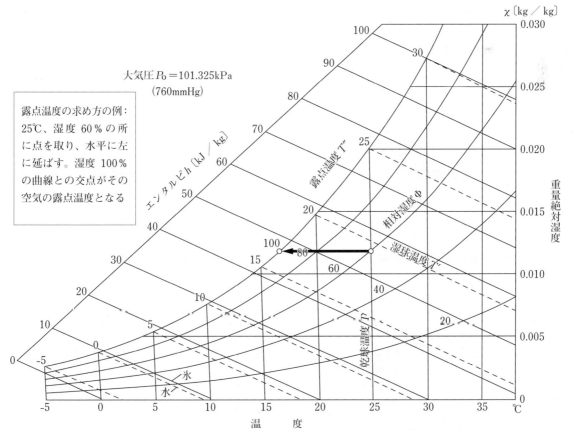

図2　湿り空気線図の例

計やデジタル温湿度計を用いて計測します。基本的には乾湿計で気温を示す乾球温度と蒸発により温度が低下する湿球温度を計測して、次の式で体感温度を求めます。

温湿度による牛の体感温度(℃)＝乾球温度(℃)×0.35＋湿球温度(℃)×0.65

デジタル温湿度計を使う場合、相対湿度から湿球温度を求め、この式の体感温度に変換した表を用います(105ページ表1参照)。

体感温度による乳牛の生理的な反応については愛媛県、徳島県、農水省の各畜産試験場(当時)から研究結果が公表されています。その研究によれば、乳牛の呼吸数は体感温度19.4℃から上昇を始めます(図3)。直腸温は体感温度21.6℃から上昇し(図4)、日平均体感温度が21.7℃を超えると乾物摂取量が減少し始め(図5)、22.2℃以上となると乳量が減少し始めます(図6)。

体感温度は湿度によって大きく変化し、夏季に湿度が高い温暖地では体感温度が高く乳牛のストレスは強いものになります。湿度の低い地域では、気温は高くとも体感温度は低くなります。研究の結果、平均的乳量の場合には体感温度が19℃以下であれば安全、19～25℃は注意、25℃以上は危険と判断すべきとされ、乳量がより多い場合には低い体感温度で影響が現れることになります。これらの基準を基に暑熱時の管理を行います。

【風速による体感温度】

乳量の減少率を基準に、暑熱時の送風効果を評価する方法として、次の式から求める風速による体感温度があります。

風速による体感温度(℃)＝乾球温度(℃)－6×√(風速〈m／秒〉)

呼吸数や体表温度の変化を指標として求めた風速による体感温度(℃)は

乾球温度(℃)－10×√(風速〈m／秒〉)

という式から求めます。

これらの式から、牛舎内に風速1m／秒の風を起こすことで、乳量基準で6℃、呼吸数・体表温度基準で10℃、体感温度を低下させることが可能になります。このように送風による冷却効果は大きく、送風機を適切に運転管理することで、快適な環境を提供することができます。なお風速は乳牛に近い場所で計測し、乳牛の周りで空気が動いていることを確認しましょう。

空気の動きを可視化する方法に、煙を流す方法があります。煙草や線香の煙でも構

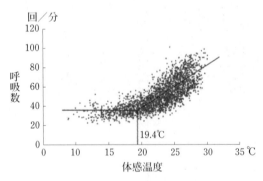

図3　体感温度と呼吸数の関係

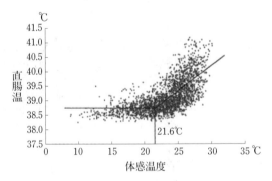

図4　体感温度と直腸温の関係

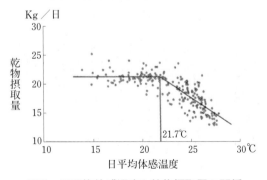

図5　日平均体感温度と乾物摂取量の関係

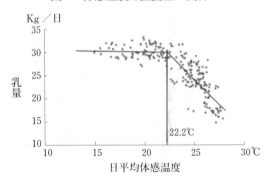

図6　日平均体感温度と乳量の関係

いませんが、写真11のような発煙装置があります。牛の周りで煙を出して空気の動きを確認し、乳牛に確実に風が当たるよう換気扇を追加したり、通路にバッフル板などを設置したりして風が牛の方へ行くようにします。

写真11　風の動きを可視化する発煙装置

【THI】

THIは乾球温度と相対湿度から求められます。係数が微妙に異なる式が示されますが、今回は次の式を用います。

THI＝0.8×乾球温度＋0.01×相対湿度×(乾球温度－14.4)＋46.4

搾乳牛を対象とした旧基準ではTHIが72未満ではストレスがない状態、72～78は軽度のストレス、78～89は重度のストレス、89～98は極めて強いストレス、98以上で牛は死亡するとされていました。この基準は個体日乳量が今よりも低い16kg程度の時代に作成(1990年〈オリジナルは1964年ごろ〉)されたといわれています。高泌乳化に対応するため、新基準(2006年)では65未満はストレスがない状態、65～71は軽度のストレス、72～81は重度のストレス、82～92は極めて強いストレスという区分が用いられています(表2)。

THIが高いときは送風による冷却効果を期待しますが、風速はこのTHIに反映されないことから、修正THIとして次の式で示されるadTHIを用いる場合があり、風速と

表2　成牛のTHIによる評価

(新基準　ストレスなし：65未満、軽度のストレス：65～71、強いストレス：72～81、非常に強いストレス：82～91)

<相対湿度（％）>

乾球温度(℃)	40	45	50	55	60	65	70	75	80	85	90	95
18.0	62	62	63	63	63	63	63	63	64	64	64	64
18.5	63	63	63	63	64	64	64	64	64	65	65	65
19.0	63	64	64	64	64	65	65	65	65	65	66	66
19.5	64	64	65	65	65	65	66	66	66	66	67	67
20.0	65	65	65	65	66	66	66	67	67	67	67	68
20.5	65	65	66	66	66	67	67	67	68	68	68	69
21.0	66	66	66	67	67	67	68	68	68	69	69	69
21.5	66	67	67	67	68	68	69	69	69	70	70	70
22.0	67	67	68	68	69	69	69	70	70	70	71	71
22.5	68	68	68	69	69	70	70	70	71	71	72	72
23.0	68	69	69	69	70	70	71	71	72	72	73	73
23.5	69	69	70	70	71	71	72	72	72	73	73	74
24.0	69	70	70	71	71	72	72	73	73	74	74	75
24.5	70	70	71	72	72	73	73	74	74	75	75	76
25.0	71	71	72	72	73	73	74	74	75	75	76	76
25.5	71	72	72	73	73	74	75	75	76	76	77	77
26.0	72	72	73	74	74	75	75	76	76	77	78	78
26.5	72	73	74	74	75	75	76	77	77	78	78	79
27.0	73	74	74	75	76	76	77	77	78	79	79	80
27.5	74	74	75	76	76	77	78	78	79	80	80	81
28.0	74	75	76	76	77	78	78	79	80	80	81	82
28.5	75	75	76	77	78	78	79	80	80	81	82	83
29.0	75	76	77	78	78	79	80	81	81	82	83	83
29.5	76	77	78	78	79	80	81	81	82	83	84	84
30.0	77	77	78	79	80	81	81	82	83	84	84	85
30.5	77	78	79	80	80	81	82	83	84	84	85	86
31.0	78	79	79	80	81	82	83	84	84	85	86	87
31.5	78	79	80	81	82	83	84	84	85	86	87	88
32.0	79	80	81	82	83	83	84	85	86	87	88	89
32.5	80	80	81	82	83	84	85	86	87	88	89	90
33.0	80	81	82	83	84	85	86	87	88	89	90	90
33.5	81	82	83	84	85	86	87	88	88	89	90	91
34.0	81	82	83	84	85	86	87	88	89	90	91	92

(S.Dikemenら、2006)

放射量を追加しています。

修正THI＝4.51＋THI－1.992×風速(m／秒)＋0.0068×放射量

修正THIでは風速が低い場合、THIよりも高い値が示されます。このため、評価基準は旧基準を用いた方が過剰なストレス評価にはならないと思います。より厳しく評価する場合は新基準との併用が必要でしょう。

育成牛を対象としたTHI評価は、乳生産がありませんので旧基準で評価します。

【炭酸ガス濃度】

乳牛や人間の呼吸によって炭酸ガスは発生するので、炭酸ガス濃度を用いて牛舎の換気量を推定することができます。換気量を推定するには、牛舎内複数箇所と屋外の炭酸ガス濃度(ppm)を計測し、収容されている乳牛の総体重(乳牛頭数に体重650kgを掛けてもよい)を求めます。乳牛から排気される炭酸ガス量は、搾乳や採食など活動時と横臥(おうが)休息時で異なるので、ガス濃度を計測したときの乳牛の状態によって休息時か活動時かを判断し、次の式で牛舎換気量を推定します。

休息時の換気量(㎥／時)＝総体重(kg)×324.72÷(舎内ガス濃度－屋外ガス濃度)

活動時の換気量(㎥／時)＝総体重(kg)×354.24÷(舎内ガス濃度－屋外ガス濃度)

換気量だけでは、十分な量なのか不足しているのかを判断することが難しいため、牛舎の容積で換気量を割った換気回数(回／時)を用いると、牛舎の大きさに関係なく多い少ないを判断できます。

冬期間の最低換気回数は3〜4回／時、暑熱時には40回／時以上を確保するようにします。

収容頭数と牛舎容積は同じように増加しますから、炭酸ガス濃度と換気回数は乳牛頭数に関係なくおよそ**表3**のようになります。夏季は舎内の炭酸ガス濃度がどこでも500ppm以下となるように、十分に空気を攪拌(かくはん)するようにして換気します。冬季は通常1,000ppmを目安にします。気温が－15℃以下となるときは、2,000ppm以下を目安にします。2,000ppmを超える場合は、換気量が不足しています。場所によっては結露、結霜が発生します。牛舎内の空気をゆっくり上下に攪拌しながら換気します。

【放射温度】

暑熱時の天井面温度と冬季の壁面温度が牛舎内の環境に影響を与えます。これらは面積が広く点で計測しても全体の温度傾向を把握することができません。それを解消する方法として、放射温度計が利用されます。天井面の温度計測例を**図7**に示しました。断熱不足により高温になったり低温になったりしている部分などを容易に判別できます。

暑熱時や寒冷時に、乳牛行動が変わったり乳量変化があったりした場合、気温や湿度だけではなかなか判定できないことがあります。暑熱時に天井や壁からの輻射(ふくしゃ)熱で乳牛が予想以上の暑熱を感じることもあるでしょう。修正THIで、放射量を加えてあるのも、輻射熱を加味するためです。

■計測結果と改善

【換気不良の原因】

換気不良の原因は、夏季と冬季で異なる場合があるので、それぞれで検討します。

夏季の換気不良は、暑熱対策として実施している乳牛周囲の送風の風速不足が原因の場合が多いと思います。換気扇台数から

表3　牛舎内炭酸ガス濃度と換気回数

牛舎内炭酸ガス濃度 (ppm)	換気回数 (回／時)
400	276.4
500	46.1
600	25.1
800	13.2
1,000	8.9
1,500	4.9
2,000	3.4
2,500	2.6
3,000	2.1

図7 サーモグラフィーによる天井面の温度計測例

計算して十分であっても、牛舎断面積が大きいと乳牛の周りでの風速が低下します。断面積を小さくすることで、牛舎内風速を速めることができます。天井を新たに設置するのは非常に改修費がかさむため、小屋裏部分をビニールシートでふさぐとその下の部分の風速を速めることができます（**写真12**）。換気量自体が不足する場合は、この上部閉塞を行っても十分な風速を得ることはできません。十分な換気量が前提になります。

冬季の換気不良は、換気不足または舎内空気の撹拌不足であることが主原因と考えられます。寒冷時は換気量が非常に少ないため、換気扇を回しても出入り口の戸やシャッターから隙間風が生じて牛舎全体を均一な状態に保つことが困難です。このような場合は、夏季に使用している送風機を上向きにしてゆっくり回しサーキュレータとして活用すると、牛舎内全体を均一な状態に保つことができます。

【結露の防止】

寒冷時には牛舎内の天井や壁面に結露が発生します。結露は、壁や天井の表面温度が舎内空気の露点温度（湿度100％となる温度）よりも低いときに発生します。露点温度の求め方は次の通りです。

129㌻**図2**の湿り空気線図で牛舎内温度の縦線上で湿度割合の点を取り、そこから水平に左側へと直線を引き、湿度100％の曲線と交わった点の温度を見ます。結露は冬だけではなく、床や壁が露点温度以下になると夏でも発生します。気温20℃の涼しい日が続き牛舎が冷えているとき気温30℃、湿度80％くらいに蒸し暑くなると、壁温が25℃程度でも露点温度以下なので床や壁に結露が発生します。

結露の発生を防ぐには、牛舎内の温度・湿度を低下させる、壁や天井に断熱材を入れる、牛舎内の空気を撹拌する、壁や天井に風を当てるなどの対策を講じます。夏の結露は、空気を撹拌して壁温や床の温度を上げることで防止できます。外気温が0℃程度であればこの方法で対応できますが、外気温が－10℃以下となる地域の場合は、断熱が必要になります。134㌻**表4**に牛舎内温湿度時の露点温度と、壁温を－5℃としたとき50mm、20mm、10mm、5mm厚の断熱材を貼った場合の断熱材表面温度と結露の発生状況を示しました。牛舎内温度を下げ20mm程度の断熱材を使うことで結露は発生しなくなります。実際には、既存牛舎の壁温計測などをして断熱量を決める必要があります。

写真12 トンネル換気牛舎でのビニールによる小屋裏部分の封鎖試験

表4 牛舎内温湿度、露点温度、壁温と断熱追加による結露発生状況
（断熱前の壁温を－5℃と設定した場合の断熱後の表面温度を計算した。網掛け部で結露発生する）

牛舎内温度 （℃）	牛舎内湿度 （%）	露点温度 （℃）	壁温 （℃）	断熱厚と表面温度（℃）			
				50mm	20mm	10mm	5mm
10	80	6.7	－5	8.7	7.2	5.3	2.0
10	75	5.8	－5	8.7	7.2	5.3	2.0
10	70	4.8	－5	8.7	7.2	5.3	2.0
5	80	1.8	－5	4.2	3.1	1.8	－0.3
5	75	0.9	－5	4.2	3.1	1.8	－0.3
5	70	0.0	－5	4.2	3.1	1.8	－0.3
0	80	－2.7	－5	－0.4	－0.9	－1.6	－2.7
0	75	－3.5	－5	－0.4	－0.9	－1.6	－2.7
0	70	－4.3	－5	－0.4	－0.9	－1.6	－2.7

　牛舎内の環境といっても、実際に計測して判断している例はほとんどないと思います。デジタル温湿度計は数千円程度のものなので、生産現場の環境管理器材としてぜひ装備してください。温湿度を計測しているだけでも、暑熱対策をいち早く講ずることができ、また寒冷対策も適切に進めることができます。風速計はあると便利な機器で、ハンディタイプの風車型はネットショップで購入することができます。風速を計測して暑熱対策の効果を確かめるためにも、ぜひ装備してください。

　いろいろな環境計測法を示しましたが、温湿度、風速は自前で計測し、炭酸ガスは普及センターに依頼するなどして、自分の牛舎が適切に管理されているかを確認し、必要があれば改善して快適な環境で乳牛を飼養していただければと思います。

第Ⅳ章 アニマルウェルフェア

牛舎評価のポイント

瀬尾 哲也

本稿のポイント
①アニマルウェルフェア認証制度では52の評価項目を定めている
②牛の立場になり、牛舎の設計・改修を考えていくことが大切
③例えば飼槽では、ネックレールを、採食を妨げない適切な高さに設置しているかチェックする

■「快適性に配慮した家畜の飼養管理」と定義

　英語のAnimal Welfareは日本語で、「動物福祉」や「家畜福祉」と訳されます。しかし、「福祉」という言葉には社会保障の意味合いが強く、誤解を招くことが多くあります。家畜を溺愛するとか、寿命まで飼養するなどがその一例です。また、福祉と訳してしまうと、本来のアニマルウェルフェアの意味合いである「幸福」や「良く生きること」という考え方が抜け落ちてしまいます。(公社)畜産技術協会では、アニマルウェルフェアを「快適性に配慮した家畜の飼養管理」と定義しており、近年は、発音しづらいのですが、「アニマルウェルフェア」とカタカナで呼ぶことが一般的になっています。

　畜産技術協会は、家畜種別にアニマルウェルフェアに関する飼養管理指針を定めています。チェックリストとして、アニマルウェルフェアの考え方を農家が理解して取り組めるようまとめてあります(表)。多くの項目が曖昧な記述になっているきらいはありますが、一度参照していただきたいと思います。

表 (一社)アニマルウェルフェア畜産協会の認証基準の概略

(1)動物ベース		(3)管理ベース	
1	痩せ過ぎの悪い牛がいない	1	濃厚飼料の給与量が乾物重量換算で平均採食量の半分以下である
2	牛体が清潔である	2	従事者1人当たり搾乳牛飼養頭数が多過ぎない
3	飛節の状態が適切である	3	飼槽が清潔である
4	尻尾の骨が故意に折られていない	4	水槽が清潔である
5	蹄の状態が適切である	5	牛舎内に迷走電流がない
6	外傷のある牛が少ない	6	哺乳子牛への初乳給与が適切である
7	皮膚病を発症している牛がいない	7	哺乳子牛への給水が適切である
8	病傷事故頭数の被害率が少ない	8	子牛の離乳時期が適切である
9	死廃事故頭数の被害率が少ない	9	子牛の粗飼料の給与開始時期が適切である
10	第四胃変位の発生率が少ない	10	牛床の軟らかさが適切である
11	除籍時の牛の月齢が低過ぎない	11	牛床が滑らない
12	異常行動を発現している牛がいない	12	牛床が清潔である
13	人に恐怖心を持っている牛が少ない	13	断尾を行っていない
(2)施設ベース		14	除角する場合には適切な方法で行われている
1	水槽の寸法と給水・能力が適切である	15	副乳頭を除去する場合には適切な方法で行われている
2	適切な暑熱対策を講じている		
3	舎内の照度が適切である	16	削蹄は適切に行われている
4	牛舎内に断続的な騒音がない	17	起立不可能な牛への対応が適切である
5	牛舎内のアンモニア濃度が低い	18	頸輪や肢輪、頭絡などを装着する場合、その器具が牛を傷付けないようにしている
6	適切な牛床または畜舎の面積を備えている		
7	一時的な使用以外、スタンチョンを使用していない	19	哺乳器具の洗浄が適切である
8	カウトレーナは原則として使用しない。やむを得ず使う場合は要件を満たしている	20	哺乳子牛へのミルクの給与方法が適切である
		21	カーフハッチや単飼ペンは子牛同士がお互いを確認できる設備である
9	人用の清潔な踏み込み消毒槽がある		
10	適切な分娩房を設置、使用している。	22	8週齢以降の子牛は群飼いされている
11	飼養頭数以上の牛床数がある	23	子牛を常時係留する場合は短いロープで係留している
12	施設全体に飼養管理上で問題になるような欠陥がない		
13	放牧の要件を満たしている	24	スタンガンや電撃棒など電気刺激を与える器具を使用していない
14	牛体ブラシを設置しているか、ブラッシングをしている	25	死亡獣畜取扱い場や化製場へ牛を搬入する場合、獣医師による安楽殺を行った上で輸送している

※基準の詳細はアニマルウェルフェア畜産協会のホームページに掲載

　その中で具体的に書いてある項目としては、除角は遅くとも生後2カ月以内に実施すること、断尾は実施しないこと、フリーストールの牛床は1頭1牛床以上あること、アンモニア濃度が25ppm以下であること、つなぎ飼いでは運動させる機会がある

こと、子牛に生後1週間ごろから良質な固形飼料や乾草を給与すること、などが挙げられます。これらはほとんどの農場で簡単にクリアできるでしょう。

■カウコンフォートと目的は一致

酪農関係者は、アニマルウェルフェア以上に「カウコンフォート（cow comfort＝乳牛の快適性）」についてよくご存じでしょう。各種セミナーや酪農雑誌でよく取り上げられています。では、両者にはどんな違いがあるのでしょうか。カウコンフォートは、「牛を快適な環境で飼養すれば、生産性（経済性）を高めることができる」という北米の生産現場から生まれた考え方です。アニマルウェルフェアは、ヨーロッパの消費者から生まれた考え方で、「集約化された畜産を見直し、家畜も適切な環境で飼養されるべきである」という考え方です。どちらも、究極的に目指すところは、牛に快適な飼養環境を提供するということであり、その点からは同じともいえます。

■「放牧は牛に良く、つなぎ飼いは良くない」は誤り

（一社）アニマルウェルフェア畜産協会はアニマルウェルフェア評価法を作成、それを活用した認証制度を創設し、認証事業を開始しています。アニマルウェルフェアに取り組む生産者を増やし、消費者にも身近に感じてもらうためには、アニマルウェルフェアを目につく形にしようと考えました。公的にはそのような認証制度はこれまでなかったので、民間で始めることにしました（写真1）。

写真1　アニマルウェルフェアの認証を受けたチーズ

認証には農場認証と食品事業所認証の2種類があり、審査の最初に「農場」の認証を受けてもらいます。1年目は夏季と冬季の2回の農場審査を行います。1年目の認証に合格すれば、2年目以降は年1回の認証となります。1年目に2回の認証を行う理由は、夏季と冬季では家畜の環境が大きく違うためです。例えば、放牧を取り入れている北海道や東北地方の農家では、春から開始しても秋冬には降雪のために放牧は難しくなり畜舎での飼養が中心となるからです。

農場審査は、アニマルウェルフェアの知識や経験のある審査員が農場に立ち入り、評価法に基づき、聞き取りに加え、環境や牛の状態をチェックします。本認証基準をクリアすることは簡単ではありませんが、客観的に評価されることで、見直すべき牛舎施設や飼養環境について気付くことができます。

認証制度は乳牛・乳製品からスタートしました。この認証基準は国際的にも広く知られている5つの自由の概念を基にしています。5つの自由とは❶飢餓と渇きからの自由❷苦痛、傷害または疾病からの自由❸恐怖および苦悩からの自由❹不快からの自由❺正常な行動が発現できる自由—になります。認証基準は、これまでの研究論文を精査し、実際に国内の酪農家で評価を試行しながら改良を重ねたもので、合計52の評価項目が「動物ベース」「施設ベース」「管理ベース」の3つに分類されています。施設ベースは14項目で、各ベースの項目の80％以上をクリアすることが認証の条件とされています。

「動物ベース」は栄養や健康状態を中心とする牛自体の項目、「施設ベース」は牛舎施設・設備が適切であるかを評価する項目、「管理ベース」は牛舎の清掃状態、飼養管理の丁寧さに加え、ストレスを低減できる飼養管理かどうかを評価する、人の作業に関する項目になっています。各項目に評価対象（哺乳子牛、育成牛、成牛）、評価基準（で

きる限り数値化)、およびチェック方法(どのように審査するか)を定めています。さらに「つなぎ飼い」「放し飼い(フリーストールまたはフリーバーン)」といった飼養方式別の基準もあります。135㌻表に現在の認証基準の概略を示していますが、審査に利用する評価基準は、アニマルウェルフェア畜産協会のホームページ上に公表しています。この認証基準は定期的に見直して改良していきます。

これらの認証基準の中で、施設ベースよりも、動物ベースと管理ベースの方が審査項目数が多く、重視されています。アニマルウェルフェアは施設だけで評価できるものではないからです。例えば、放牧しているからアニマルウェルフェア的な飼養といえ、牛にストレスがないと考えるのは間違いです。さらに、放し飼い式牛舎であるフリーストールやフリーバーンであるから牛に良くて、つなぎ飼い牛舎だから悪いと単純に考えるのも誤りです。適切な施設を設計し建築することはもちろん大切ですが、それ以上にその牛舎を使う飼養者の日々の管理の仕方、牛への愛情や考え方が重要なのです。

どんなに家畜にとって良い牛舎を建設したとしても、飼養管理が不適切であれば家畜は不快に感じますし、生産性も十分に上がりません。牛舎を簡単に建て直すことはできませんので、古い牛舎でも改修しながら、飼養環境を整えていけば、牛は快適に過ごせるようになります。

ところで、キーニィの「牛飼い哲学」(デーリィマン社)に記された次の一節をご存じでしょうか。

「私たちはあなたの乳牛です。私たちはあなたの下さるものを食べ、飲ませてくださるものを飲み、住まわしてくださる所に住みます。良い牛にもなれば、悪い牛にもなります。丈夫にもなれば、弱くもなり気持ちよく暮らすこともでき、不愉快にもなります。このように私たちの運命は酪農家まかせなのです」

キーニィが言うように、アニマルウェルフェアを向上できるかどうかは、酪農家次第です。牛に心を寄り添わせて、牛の立場になり、牛舎の設計・改修や飼養管理を考えていくことが非常に大切です。牛は一緒に働いてくれる大切な同僚・仲間です。人だけでなく牛にとっても働きやすい環境を整えてあげましょう。施設の問題点を明らかにする際には、1頭ずつ牛の健康状態や外観を観察し、施設や飼養環境をチェックすることが大切です。

■快適性を確保するための点検項目

次に、施設の新築や改修を検討するに当たり、考慮すべきポイントについて、酪農現場でよく見掛ける例をまとめていきます。

これから未来に向かってどのような飼養方法をしたいのか、どのような牛群をつくりたいのか、頭数規模はどのくらいにするのかをできる限り、予測しながら検討する必要があります。業者の言いなりで建築してしまうのではなく、希望をきちんと伝えて何度も設計図を見直してください。

自分や牧場スタッフにとって理想の牛舎はどのようなものか。今は補助金が多くあるとはいえ、資金をかけ過ぎず、将来は施設や設備の更新の必要が生じること、部品が入手できるか、についても念頭に置くことが大切です。どんなに素晴らしい牛舎を建てても、こうすればよかった、などと必ず後悔することが出てきます。事前に牛舎を新築・改修した酪農家や普及センターなどと相談することが不可欠です。なお飼養する牛群の体格や体高が変わる可能性も考慮して、飼槽や牛床のネックレール(牛が前に出ないようにする横のバー)などは何段階か上下や前後に調整できるような取り付け方にします(138㌻写真2、3)。

【飼槽】

飼槽の前に付けるネックレールは、牛が外に逃げるのを恐れ、低過ぎる位置に設置

写真2 飼槽に設置された高さを調整できるネックレール（フリーストール牛舎）

写真3 ベッドに設置された前後位置が調整可能なネックレール（フリーストール牛舎）

している例がよく見られます。そうした場合、採食するとき鉄パイプに頸部が強く当たって被毛が擦れ薄くなったり、皮膚に段が付き肥厚したりすることが多くなります（**写真4、5**）。

　これは体高のある牛で多く見られ、何の障害もなく採食できる場合と比べ、採食量は抑制されます。まずは群分けをしっかりして、なるべく同じような大きさの牛で群を構成します。そうすると、弱い個体が飼槽に十分アクセスできずに、痩せて成長が遅くなる事態を防ぐことができます。

　飼槽に対し多くの牛が斜めに入り採食する場合は、ネックレールが低過ぎるか、餌押しする時間が遅過ぎる可能性があり、採食が困難な状態だといえます（**写真6**）。

　古い牛舎では、飼槽表面が牛の唾液と舌によって剥がれたり、穴が空いたりして、腐敗した飼料断片がそこに入り込んで悪臭を放っている場合があります（**写真7**）。当

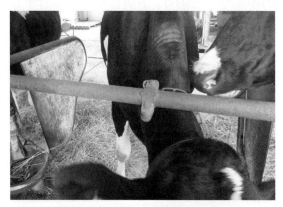

写真4 飼槽のネックレールの高さが低過ぎるため発生した頸部の傷（つなぎ飼い牛舎）

写真5 設置位置が低過ぎる連動スタンチョン（フリーストール牛舎）

写真6 飼槽のネックレールが低過ぎるため斜めに進入する牛（フリーストール牛舎）

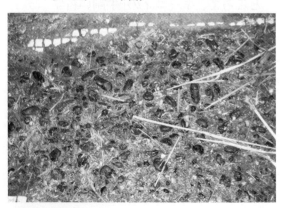

写真7 老朽化し表面に石が出てきた飼槽（つなぎ飼い牛舎）

然、採食量は低下しますし、掃除もしづらく、食べ残しも発生します。レジコン、FRP、モルタルなどを使って平らな飼槽に改修する必要があります(**写真8**)。

写真8　コーティングにより修復された飼槽（つなぎ飼い牛舎）

【水槽】

　水に気を配っていない牧場が多くあります。飼料計算をしているから栄養面は大丈夫、と判断するのではなく、水を十分に飲めているかについても気を配ってください。つなぎ飼い牛舎のウオーターカップのヘラの下に腐敗した飼料がこびりついていたり、ヘラの下にワラなどが詰まっていたりして、牛がヘラを下部まで十分押すことができない場合があります(**写真9**)。

　水槽の配管はなるべく太くし、バルブも吐水量が多くなるものを選んで設置してください。水圧が弱い場合、配管にバイパス管を取り付けて水圧を高くすることも効果的です(**写真10**)。また、近年普及し始めているチューブ型のウオーターカップ(**写真11**)は、水圧が弱い配管に取り付けると、ヘラ型に比較して水がゆっくりとしか出てきませんので、チューブ型に取り換える場合には注意してください。

　フリーストールやフリーバーンで使われる角型の水槽においても、底に飼料や藻が付着している場合が多く見られます(**写真12**)。定期的に水槽の清掃を行ってみてください。清掃後は驚くほどよく水を飲むよ

写真10　バイパス管を取り付け、水圧を高めた水配管（つなぎ飼い牛舎）

写真11　清潔なチューブ型ウオーターカップ（つなぎ飼い牛舎）

写真9　清掃が不十分なウオーターカップ（つなぎ飼い牛舎）

写真12　清掃が不十分な水槽（フリーストール牛舎）

うになります。給水量が不十分であったり、水が汚れていたりする場合は、採食量が抑制され、乳量も当然期待できません。

【スタンチョン】

スタンチョンを設置したつなぎ飼い牛舎において、スタンチョンの位置が低過ぎるために、それを背負うような姿勢になり(**写真13**)、頸部に傷が見られる場合があります(**写真14**)。牛舎建設当時に比べて牛が大型化したことによるものでしょう。取り付け金具を調整し、スタンチョン自体を上げてください。

写真13　設置位置の低いスタンチョン（つなぎ飼い牛舎）

写真14　スタンチョンの設置位置が低いため頸部に発生した傷（つなぎ飼い牛舎）

【カウトレーナ】

電気刺激を与えるカウトレーナは、使用しない方が牛にとって望ましいのは言うまでもないでしょう。しかし、つなぎ飼いの場合、どうしても糞尿が牛床に落ちたり、飛び散ったりすることが多くあります。その上に牛が横臥(おうが)して牛体や乳房が汚れるのは、衛生的にも好ましくありません。そうした場合にカウトレーナを使うことになるでしょう。

排せつ時に牛が背中を丸めるのは自然な行動です(**写真15**)。その際、背中の頂上がカウトレーナに触れることから、牛はそれを避けるために一歩後退して排せつするようになります。こうした学習により、牛床が汚れづらくなりますが、適切な位置に設置しないと、排せつ時以外にも電気刺激を与えることになります。

牛のためには、1頭ずつ体高に合わせて調整すること、背中から拳1つ分(5cm)ほど離すことが大切です(**写真16**)。アース棒も必ず地面に埋めてください。牛のストレスをできる限り抑えるために、全頭にカウトレーナを取り付けるのではなく、牛床や乳房を糞尿で汚すような一部の牛を対象に設置するパターンも検討してください。

写真15　排尿時の背中を丸める姿勢（つなぎ飼い牛舎）

写真16　高さの調整が必要なカウトレーナ（つなぎ飼い牛舎）

【分娩房】

分娩房(産室)は必ず設置してください。

特につなぎ飼い牛舎において、分娩房が設置されておらず、牛床で分娩させる例が少なくありません。予定日よりも早く分娩してしまい、朝牛舎に行ったらバーンクリーナの中で生まれた子牛が死んでいたという経験をした人もいるのではないでしょうか。

スペースがなくて分娩房を用意できないという理由をよく聞きますが、搾乳牛を減らしてでも場所を確保すべきです。1頭を事故で死亡させた場合の経済的損失を考えてください。頸をつながれたまま分娩することは、牛に強いストレスを与えてしまうことは容易に想像できます。また適切な分娩房を用意すると、難産や分娩事故が減少することも明らかになっています。分娩房は10㎡程度あれば望ましく、床は軟らかく滑らず衛生的な状態にし、全面に乾いた敷料を厚く入れてください(**写真17**)。

写真17　D型ハウス内に設置された簡易分娩房

【換気設備】

換気には自然換気と強制換気があります。どちらの方式においても、風通しの良い牛舎をつくることが重要です。牛舎の奥で空気が滞留している場合があります。その場合は扇風機や換気扇を使って風が流れるようにしてください。空気が滞留しているかどうかは、線香を使えば簡単に分かります。線香からの煙の流れの有無と、どのように流れるかを確認してください。

子牛や育成牛の場合は、人の胸の高さでなく、それぞれの牛の顔の高さで調べてください。特に子牛の場合、空気の滞留は下痢や肺炎につながります。トンネル換気の牛舎においても、全体的に風が十分に流れていなかったり、部分的にそのような場所があったりします。トンネル換気を取り入れたつなぎ飼い牛舎において、何らかの理由で風がうまく流れないときは、トンネル換気をやめて牛の前の窓を全部開放する方がよい場合もあります。

なお、湿気の多い牛舎では、免疫力が低下した牛に皮膚真菌症(通称:ガンベ、トクフク)が多く見られますので、頻繁に発生する場合には換気が適切か確認してください(**写真18**)。

写真18　皮膚真菌症(ガンベ)を発症している牛

【牛床と敷料】

牛床には乾燥した敷料を厚く入れてください。敷材は地域や農場で安く手に入りやすいものを使うことになるでしょう。稲わら、麦わら、乾草、もみ殻などが一般に使われますが、敷料が少な過ぎる場合が多く見られます。つなぎ飼い牛舎の牛床にゴムマットも何も敷かず、むき出しのコンクリートの上で牛が寝起きしている例も見掛けます。コンクリートの牛床は硬過ぎて牛の起立・横臥動作に時間がかかり、ほとんどの牛の飛節が腫れたり出血したりします(142ページ**写真19**)。牛床の長さが短い場合やパドックや放牧地がない場合にも飛節に損傷がある牛が目立ちます。牛床にはゴムマットなどを敷いた上で、敷料も入れてください。劣化して硬く薄くなっているゴムマットは、早めに交換しましょう。

写真19　飛節の腫れた牛（つなぎ飼い牛舎）

写真20　十分な量の敷料が入った牛床（つなぎ飼い牛舎）

　もし牛が敷料を食べているようであれば、給餌する粗飼料が不足しています。つなぎ飼い牛舎で牛がカビの生えている敷料を仕方なく食べている場合もあります。カビ毒による疾病や乳量・乳質の低下が心配されます。敷料の量としては、牛床にまんべんなく敷いて5cm以上の厚さがあることが望ましい（**写真20**）。敷料をたっぷり使うのは無駄、と考えることはやめましょう。

【飼養密度】

　牛舎面積はそのままで飼養頭数を増やしてしまうと、飼養密度を高めることになります。密度を高めた結果、さまざまな弊害が生じてきます。まず換気が悪くなり、強い個体に追い出されたり、邪魔されたりして飼槽にアクセスできず飼料を十分量摂取できない牛、水槽が他の牛に占有され水槽にアクセスできず十分飲水できない牛、牛床が混雑して自分の寝る場所がなくなる牛が出てきます。そうして感染症がまん延してしまうなどの負の連鎖に陥ってしまいます。フリーストールやフリーバーンの場合は、特に余裕のある飼養密度を心掛けてください。

【牛舎入り口と通路】

　放牧やパドックで牛を牛舎から屋外に出す場合、牛舎入り口や通路がどうしてもぬかるんでしまいます（**写真21**）。特に雨が続いた場合や、暖かい日や寒い日が繰り返される秋口、春先に雪解けが進んだ場合に、ぬかるみがかなり深くなります。その際に、蹄の状態が悪くなり、跛行（はこう）の牛が増えたり、乳頭を踏みつけたりする場合があります。ぬかるみを解消するには、かなりコストもかかりなかなか難しいのが実情ですが、牛がケガをする前に対策を取りましょう。まずヘドロをしっかりと取り除くことが重要で、礫（れき）、砂、火山灰を入れるなどして、ぬかるみをできる限り解消してください。

　アニマルウェルフェアの観点に基づく牛舎の評価は、施設の新しさなどで決まるというものではありません。また放牧を実践しているからといって、牛の快適性が確保されるわけでもなく、それぞれの牛舎、飼養方式において、できることから取り組むことが大切です。少ないコストでできることはたくさんあるはずです。キーニィの言葉を心に留め、日々の仕事に取り組んでいただきたいと思います。

写真21　牛舎出入口前のぬかるみ（放牧飼養）

第IV章 牛舎評価のポイント
乳牛行動

竹田 謙一

本稿のポイント

①乳牛の行動は、その場で飼養状況を評価できる重要かつ簡便な指標である。牛群全体を見渡す視点と乳牛を個別に見る視点の2つが必要

②飼養環境に異変が生じたとき、最初の兆候として発現しやすいのが乳牛の行動。乳量、乳質といった生産形質だけでなく、乳牛の行動を通して、飼養環境の点検を心掛ける。行動観察を繰り返すことで、異常発見の精度は高まる

③牛舎の快適性は多額な資金を用意せずとも、ちょっとした工夫で改善できるものもある。日々の乳牛の行動観察にそのヒントが隠されている

優秀な生産者は、乳牛の健康状態や飼養施設への適合程度を把握する手がかりとして、行動をよく観察します。その理由として、❶行動は簡単に観察でき、その場ですぐに乳牛の状態を評価することができる❷ストレス刺激となるような外部環境(刺激)に対する最初の反応として、行動が発現する─の2点が挙げられます。乳牛はやみくもに行動しているのではなく、自身の健康維持と繁殖性を高めるべく行動しており、行動の発現に強い欲求を持っています。

従って、乳牛の行動反応を正しく理解すると、現状の牛舎の設計が乳牛にとって快適なのか把握できると同時に、施設の不備も発見できます。もちろん、ホテルのスイートルームのように牛舎環境を整備することは現実的ではありません。本稿では、初めに乳牛の行動とその意味について述べます。そして各行動から見える牛舎施設の改善点、あるいは行動発現を促すような牛舎付帯設備について紹介します。

■乳牛の行動とその意味

畜舎内という行動が制限される環境であっても、乳牛はさまざまな行動レパートリーを持ち、それらを発現しています(144ページ表1)。乳牛の行動は大きく4つに分類されます。1つ目は採食や休息、排せつなどを通して、生命を維持し、生体内の生理的均衡を保つための「個体維持行動」です。暑熱、寒冷ストレスに対する反応(護身行動)や汚れた体を清潔に保つグルーミング(身繕い行動)、採食前に餌のにおいを嗅いだり、伏臥(ふくが)休息前に座る場所のにおいを嗅いだりする探査行動も、個体維持行動に含まれます。

2つ目は他の個体との関係から生じる「社会行動」です。社会行動とは相手個体の認識を前提に行動を発現するもので、その結果は各個体の生命維持に影響します。例えば、フリーストール牛舎内での飼養密度が高いとき、敵対行動が頻発し、劣位個体は優位個体から攻撃を受けるばかりか、飼料も十分に採食できなくなります。

3つ目は性行動と母子行動からなる「生殖行動」です。人工授精が一般的な今日であっても、雌牛の発情を的確に捉えることは重要で、また酪農分野ではなじみが薄いのですが、母子行動の発現が子牛の生産性を高めることが肉用牛では報告されており、無視できない行動の1つです。

最後は「失宜(しつぎ)行動」で、欲求不満な状態で発現する葛藤行動やその葛藤状態が長時間続いたときに発現する異常行動が該当します。葛藤行動は自然環境に近い放

表1　乳牛における正常行動

行動型	行動単位
個体維持行動	
摂取行動	摂食、飲水、舐（し）塩、食土
休息行動	立位休息、伏臥位休息、横臥位休息、睡眠
排せつ行動	排糞、排尿
護身行動	パンティング*、庇陰（ひいん）、日光浴、水浴、群がり、震え*
身繕い行動	身震い、なめる、かむ、掻く、擦り付け、伸び
探査行動	聴く、見る、嗅ぐ、触れる、なめる、かむ
個体遊戯行動	物を動かす、跳ね回る
社会行動	
社会空間行動	個体距離保持、社会距離保持、先導、追従、発声
社会的探査行動	聴く、見る、嗅ぐ、触れる、なめる、かむ
敵対行動	前掻き、頭振り、頭突き押し、闘争、追撃、逃避、回避
親和行動	接触、擦り付け、なめる
社会的遊戯行動	模擬闘争、模擬乗駕、追いかけ合い
生殖行動	
性行動	動き回り、陰部嗅ぎ、尿なめ、フレーメン、ガーディング、並列並び、リビドー、顎乗せ、浮動姿勢、乗駕、交尾など
母子行動	分娩場選択、娩出、なめる、授乳、吸乳、母性的攻撃など
失宜行動	
（葛藤行動）	
転位行動	摂食、休息、かむ、なめる
転嫁行動	吸引、相互吸引、柵かじり、攻撃、誤吸引、相互吸引
真空行動	偽反すう、自慰
（異常行動）	
常同行動	舌遊び、異物なめ、熊癖
変則行動	犬座姿勢
異常反応	無関心
異常生殖行動	授乳拒否、雄間乗駕
その他異常行動	飼料掻き上げ（飼料を上方に飛ばす）

*パンティング（浅速呼吸）や震えは生理的反応であるが、外部環境に対する乳牛の反応であるので、行動として扱った

（佐藤ら編（2011）「動物行動図説」を一部改変して作成）

■採食と休息からの評価

　採食は乳牛の主たる行動といえます。草食動物である乳牛は、草を長い舌で巻き絡めて、口に入れ、上顎と下顎の切歯で挟み、引きちぎって採食します。舎飼い時においては、細切りされた飼料を給与されることが多く、乳牛は舌で餌をえり好みしたり、舌で細かな飼料片を集めたりする動作を示すので、**写真1**のように飼槽内の飼料形状が変化し、舌が届かなかった部分の飼料が食べ残されてしまいます。このことは残存飼料の腐敗につながるだけでなく、給餌される乳牛のエネルギーバランスを崩すことにつながります。手間はかかりますが、乳牛の健康維持と安定的な生乳生産のためにも、残存飼料の撹拌（かくはん）と餌寄せは欠かすことができません。

　つなぎ飼い牛舎の場合、個別給餌しているにもかかわらず、当該個体の飼料を隣接個体が盗食する例が見られます（**写真2**）。盗食は、それを行う個体にとって給餌飼料への不満が強いことの表れともいえます。

写真1　口と舌が届く範囲を採食して四散した飼料

　牧飼養下でも条件によっては発現しますが、異常行動は本来乳牛が持つ行動様式から逸脱したもので、飼養環境の不適切さに対する反応であり、牛舎施設評価の良い指標となります。

写真2　隣接するストールからの盗食

過肥になることを避ける必要はあるものの、盗食は要求量不足のサインとして捉え、飼料設計を点検することが重要です。

フリーストール牛舎では、セルフロックスタンチョン型の飼槽柵を採用して、個別の採食が保障されている方式と、ネックレール型で、乳牛が自由に飼槽へ頭を突っ込んで採食する方式があります。特に後者の場合に、劣位個体への配慮が必要になります。社会性の動物である乳牛の世界には、必ず社会順位が高い個体と低い個体が存在し、給餌時に劣位個体が飼槽に頭を突っ込むことができず、いわゆる「食い負け」してしまう例があります。このようなケースで、飼槽がU字溝タイプの場合、太めの角材をU字溝部分にはめ込みます。それを頭数分用意することで、1頭ずつの飼槽幅が担保され、劣位個体でも十分な採食時間を確保することができます。

またフラットタイプ型の場合は、飼槽側にサイドパーテーションを付け、個別の頭部スペースを飼槽側に確保することで、劣位牛の十分な採食時間を担保できます（図）。ポストレール型の柵で1頭ずつの飼槽幅を確保する方式もあります。過去の研究によれば、頭部ではなく、乳牛が飼料に口をつける部分に仕切りを入れることで、劣位牛の安定的な採食が保証されます。

乳牛は一般的に1日に12〜13時間、伏臥位姿勢で休息し、その行動に強い欲求を持っています（文献によっては、乳牛が座って休む姿勢を横臥位休息とする例もある。しかし本来、横臥位休息とは体側の一方を床につけ、四肢を伸ばし、頭も地面に横向きにして休息する姿勢をいう。本章では、特別な理由がない限り「伏臥位休息」と記載する）。

伏臥位休息を阻害された乳牛は、ストレスホルモンといわれているコルチゾール濃度が高くなり、成長と泌乳に重要な役割を持つホルモンの分泌量が低下します。ほとんどの横臥位休息は睡眠であり、乳牛は目をつむっています。この姿勢は長続きしないものの、筋肉は完全に弛緩（しかん）しており、乳牛がリラックスした状態と評価できます。

立位状態から伏臥位状態（その逆もあり）になるまでの所要時間（伏臥移行動作時間）は、乳牛の快適性評価の指標ともなっています（146㌻写真3）。立位から伏臥位に移行する前、乳牛は必ず座る場所のにおいを嗅いでから移行動作に入ります。近年、乳牛は大型化している一方、牛床サイズは畜舎建築時のままの場合が多い。このような場合、馬栓棒（ネックレール）の位置と牛床末端（バーンクリーナもしくは通路）までの長さが短く、座りたくても座れない状態が続いたり、移行動作に時間がかかったりすることがあります。

一方、伏臥位休息から立位への移行時に乳牛は頭を前方に突き出し、前駆（ぜんく）に体重をかけた勢いで反動をつけて起立します。この姿勢変化のとき、頭の突き出し部分がなかったり（フリーストール牛舎）、頭の突き出しを躊躇（ちゅうちょ）させるような物体（コンフォートストール）があったりすると、移行動作が

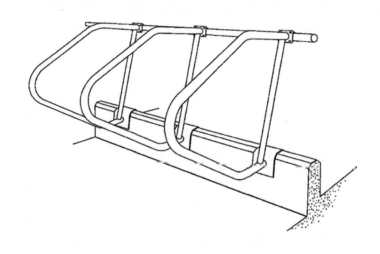

図　フリーストール牛舎のフラットタイプ型飼槽柵に設置するサイドパーテーション
（DeVriesら、2006を一部改変）

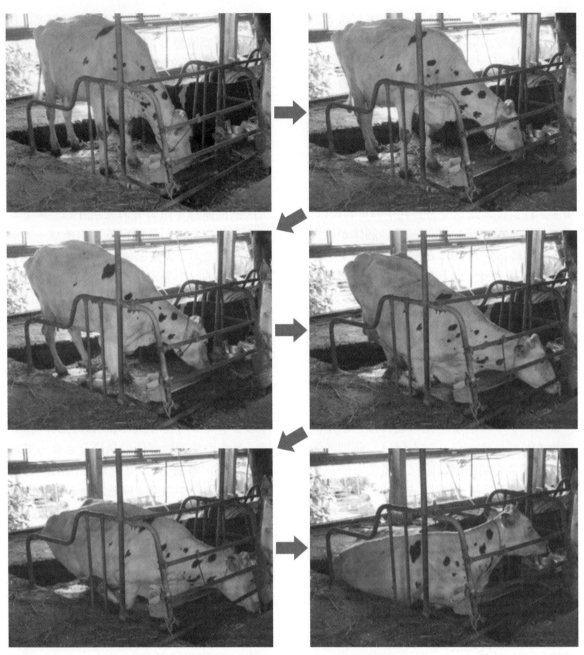

写真3 搾乳牛の立位姿勢から伏臥位姿勢への正常な移行動作。伏臥位姿勢に移行する前に探査行動として床を見たり、においを嗅いだりする

長くなります。姿勢変化に時間がかかるほど牛床の快適性は低くなり、10秒以上かかる場合は問題があると判断されます。

牛床が硬いとき、乳牛は頻繁に立位と伏臥位を繰り返し、落ち着きがなくなります。また飛節部分に擦り傷を付けることにもつながり、快適性を大きく損ないます。また伏臥位休息時間は牛床がぬれているとき(8.8時間／日)、乾燥しているとき(13.8時間／日)で大きく異なることが報告されています(Fregonesiら、2007)。特に、牛床がぬれて滑りやすい場合は、乳牛が犬のお座りのような姿勢をとることがあります。この犬座姿勢は体重が重い乳牛でも見られますが、長期化すると、外陰部が糞尿で汚染された床に長時間接触することになるので、尿道感染や膀胱(ぼうこう)炎、さらには流産、膿毒(のうどく)症に発展する可能性が指摘されています(TillonとMadec、1984)。

一般的に、約80％の乳牛が伏臥位休息していること、休息場所に施設上の不備はないとされています。牛群全体の様子を見る際に確認したい事項といえます。乳牛は1日に約100ℓ近く飲水します。搾乳後、乳牛は一斉に飲水しようとします。つなぎ飼い牛舎では細い給水管の場合、水圧が急激に下がり、飲みたいときに十分量を飲めない状態になります。**写真4**は乳牛がいつでも必要量を飲水できるよう給水管を直径15cmにした事例です。このような改修も快適牛舎に近づける一歩になります。

　フリーストール牛舎における水槽の数の目安として、「牛群の1割が同時に飲める数」や「30頭に1台の割合」などが示されています。搾乳牛がミルキングパーラからストールに戻ったとき、水槽前で飲水の順番を待っている個体を発見したり、水槽前での敵対行動（頭突き、頭振り）が顕在化したりしているようなときは、水槽の数が足りないサインです。また給水温度も飲水量に影響を及ぼします。暑熱時に飲水量が増えるのは当然のことながら、水を冷却することで、体温を下げることができます。逆に、寒冷時は体温低下につながるので、飲水量が低下します。乳牛が必要とする水分の8～9割が飲水によって補われているので、**写真5**のような保温給水も検討しましょう。

■護身と身繕いからの評価

　夏季の乳牛の生産性低下は今なお、解決されていない課題です。地球温暖化の進展が指摘されている今日、その解決法の検討はますます重要になっています。

　乳牛は暑さから逃れられないとき、パンティングを発現します。パンティングとは暑熱時に見られ、口を開け、舌を出して、よだれを垂らしながら、あえぐようにする呼吸のことをいいます。通常の呼吸や体表からの熱放散では正常体温を維持できず、浅くて速い呼吸をすることで、呼気による蒸散量を増やし、上昇した体温を下げようとします。行動サインとしては、かなり深刻な状態といえます。

　乳牛が受ける暑熱ストレスは今日まで気温と湿度から計算される温湿度指数（THI）で評価されてきました。一般的にTHIが72を超えると暑熱環境と判断され、日本でも広く普及しています。

　しかし、THIが72以下でも乳牛が暑熱ストレスを受けていると示唆する報告もあります（Bouraouiら、2002およびCollierら、2012）。牛舎内の温熱環境は、気温と湿度以外にも屋根からの放射熱、気流、乳牛の代

写真4　直径を太くした給水管

写真5　寒冷地における保温給水

謝量も影響しており、THIだけでは牛舎内の温熱環境を十分に評価できていないとも指摘されています（Gaughanら、2003）。人間の世界では、湿球黒球温度（WBGT）という、暑さ指数（熱中症指数）が広く利用されています。暑さ指数は、管理者の労働安全衛生上の観点からも重要なので、牛舎に設置するのもよいでしょう。

家畜においても近年、THI以外の日射や風の要素を含んだ温熱指標の開発が進められていますが、決定打となるものはまだありません。そこでGaughanら（2002）は、パンティングを基に管理者が目視による暑熱ストレスの評価を行えるようにするために、パンティングスコアを設定しています（表2）。

牛舎内の暑熱ストレス対策として、扇風機の設置による換気、細霧装置による舎内温度の低下などさまざまな取り組みがなされていますが、牛舎内温度を十分に下げられない事例も見受けられます。特に牛舎の屋根はトタン材やガルバニウム鋼板であることが多く、直射日光を受けて、屋根から牛舎内へ輻射（ふくしゃ）熱が放射されるため、強制換気だけでは不十分なのかもしれません。屋根からの輻射熱を下げる方法としては、屋根の素材や色を光の反射率が高いものに変えたり、屋根の下（牛舎内側）にアルミ素材など熱放射率が小さい断熱シートを張ったりする方法があります。扇風機による強制換気に加えて、輻射熱を遮る方法を採用することで、暑熱ストレスはより緩和されるでしょう。

乳牛の身繕い行動にはなめる、（肢や角で）掻（か）く、（物体に）擦り付ける、などがあります。筆者らが行った放牧牛の調査では、乳牛が身繕いに費やす割合はわずか1%程度で、目立つようなものではありませんでした。しかし身繕いは、牛体に付着した汚れの除去や外部寄生虫の除去など個体維持のために必須な行動です。身繕いのうち、擦り付けは牛体の一部を飼養設備に擦り付けることから、その物理的負荷によって飼養設備の一部（ウオーターカップや牧柵）が破損したり、施設構造上の鋭利な箇所による牛体の損傷が報告されています。

近年、畜産施設メーカーから、乳牛の十分な擦り付けを実現させる道具として、カウブラシが市販されています（写真6）。カウブラシの設置と生産性との関係はいまだ明確にはなっていませんが、ブラシを設置すると乳牛は頻繁に利用するようになります。乳牛がブラシの効果を認識しだすと、その利用を巡って、敵対行動が起きたり、順番を待ったりする個体が観察されたりするほどです。これらの事象から、カウブラシは乳牛の快適性を高める有効な手段の1つといえます。特に、電動型を設置すると乳牛は後躯（こうく）をカウブラシに頻繁に

表2　乳牛のパンティングスコア

スコア	呼吸の状態	目安となる呼吸数[1]（回／分）
0	パンティング（あえぐような呼吸）なし	40以下
1	口は閉じているが、ややあえぐような呼吸	40〜70
2	時々、口を開け、パンティング（早い呼吸）が認められる	70〜120
3	口を開けた呼吸で、若干、よだれが垂れる	120〜160
4	口を開け、舌を出した呼吸で、よだれが垂れる[2]	160以上

1) 呼吸数は最低2分間、計測する
2) スコア4の状態になると、むしろ呼吸数は減少し、深い呼吸となることもある

（Gaughanら、2003を一部改変）

写真6　電動式カウブラシ

擦り付けるようになり、牛体の清潔さを保つことに役立っています。しかし、設置場所を誤ると、発情指標でもある模擬乗駕(じょうが)行動の発現をカウブラシによって抑制されることもあります。設置の際には、徐糞作業の動線と併せて留意しましょう。

■社会行動からの評価

基本的なことですが、牛群内における敵対行動の多さは生産性を損なうばかりか、乳牛の快適性を低下させます。フリーストール牛舎では袋小路状の通路が発生しないよう気を付けましょう。社会性の動物である乳牛の世界には、限られた飼料や休息場を巡る競争があり、その中で社会順位が形成されます。牛群内の社会順位が決定すると、劣位牛は優位牛との物理的衝突を避けながら生活をするようになりますが、袋小路があると逃げる場所がふさがれ、攻撃を受けやすくなり、逃避時に牛舎設備と接触して、思わぬケガを負うこともあります。

乳牛は通常、2～3mほどの距離を互いに保って休息します。これは空間保持行動の結果ですが、牛舎内にそのような余裕はありません。フリーストール牛舎の隔柵はそうした心理的距離を縮めることができるので、限られたスペースに乳牛がストールに並んで休息できます。もちろん、隔柵があっても過密飼養は不必要な敵対行動を助長し、生産性を低下させるので、適切な飼養面積を順守すべきです。フリーストール牛舎での過密飼養はストール内での伏臥位休息時間の減少にもつながります。フリーストールでの飼養密度を1.5倍にした研究(Fregonesiら、2007)では、伏臥位行動時間は1.7時間減少し、休息場所を変える回数も2.7倍多くなっています。

フリーストール牛舎における1群の飼養頭数は、牛舎規模やミルキングパーラの種類、搾乳ロボットの台数などによって大きく変わりますが、おおむね80頭が理想的です。この値は群内の牛が互いに認識でき、1人の管理者が効率的に目を行き渡らせることができるという理由から算出されています(Kiley-Worthington、1977)。

ある乳牛がもう1頭の乳牛の頭や肩をなめる、など親和行動に基づく乳牛の社会関係は、緊張状態や心理的葛藤状態を軽減します。親和行動は放し飼いだけでなく、つなぎ飼いでも認められます。同居期間が長い(年齢が近い)個体同士や近縁個体間で交わされることが多く(Satoら、1991)、つなぎ飼い牛舎においては、単純に空いたストールに後継牛をつなぐのではなく、牛舎入口から牛を年齢順に並べたり、血縁関係にある個体が隣接するように並べたりするなど、コストをかけずに親和行動を助長できる方法があります。

ただ牛群における親和関係は、直ちに形づくられるものではなく、同じペンでの同居後、約4カ月目から形成され始めるといわれています(Takedaら、2001)。夏季の公共預託牧場における同一農家出身牛同士で形成されるサブグループも、冬季における同一ペン同居に由来します(Takedaら、2000)。

育成ペンや肥育ペンなどでは、1群当たり5頭規模の牛群編成が望ましいといわれています。群内の個体間で幼齢期に見られる社会行動や性行動を模した行動を社会的遊戯行動といいます。社会的遊戯行動にはその後の社会行動、性行動を健全に発現させる機能があり、特に子牛の遊戯行動が抑制されると、これらの行動発現が低調になることがあります。従って、社会的遊戯行動の発現状態は、子牛の身体および精神的な健康状態に反映されると考えられています。また子牛時における群飼経験は、他個体との混群時における敵対行動発現を抑制し、単飼個体と比べると、混群後の優劣順位が高くなるとの報告もあります(Broomと Leaver, 1978)。

このことは、幼齢期における社会的遊戯行動を通じた経験が、性成熟後の社会関係

構築に重要な役割を有していることを示しています。子牛の群飼が可能な牧場は少なく、カーフハッチを利用している牧場も多いでしょう。隣接する子牛同士が柵越しでも物理的に触れ合える環境を創出することも重要といえます。

■異常行動からの評価

乳牛で代表的な異常行動に、舌遊びや異物なめがあります。舌遊び（**写真7**）は、舌を口の外に長く出したり引っ込めたりを繰り返す、口を半開きにした状態で、口の中で舌を転がすように丸めるといった動作のことをいいます。つなぎ飼いの牛の他、粗飼料の裁断長が短く、乳牛本来の草を舌で巻き取って引きちぎるという動作が制限された牛などに発現します。異物かじりは柵かじりが常同化したものです（**写真8**）。異物なめにはウオーターカップや水槽にたまった水を舌ではじく動作（water lapping：明確な和訳はまだない）も含まれ、舌遊びに続いて発現する傾向が強い。舌遊びをする乳牛ほど、第四胃潰瘍になる傾向が強く（Wiepkema、1987およびAbeら、2007）、water lappingにより飼槽が水浸しになり、衛生上の問題も発生します（**写真9**）。

写真8　哺乳子牛で見られる異物かじり

写真7　異常行動の1つである舌遊び

写真9　搾乳牛が行う「水を舌ではじく動作」

■係留方式と乳牛の行動

乳牛の飼養方式はつなぎ飼いと放し飼いに大別できます。つなぎ飼いのメリットとして、個体管理が行き届きやすい点や乳牛同士の闘争や競合が少ない点が挙げられます。ヨーロッパでは放し飼いを採用する牧場が多く、つなぎ飼いの割合は35％（ALCASDE、2009）と低いのですが、アメリカでは52.5％（USDA、2002）で5割を超えています。日本では土地の制約もあり、つなぎ飼いが85.5％（中央酪農会議、2008）

とかなり多くなっています。

つなぎ飼い方式には、係留方式の違いによりコンフォートストール、タイストール、ニューヨークタイストールなどさまざまなタイプがあります。

コンフォートストールは乳牛の前側に3本の横棒(前柵)と餌槽内にサイドパーテーションがある方式で、1本の鎖あるいはロープで乳牛を係留します。このような構造から、コンフォートストールでは乳牛の採食行動や起立および伏臥への移行動作をストール内に制限します(畜産技術協会、2009)。タイストールは乳牛の首を2本の鎖あるいはロープで左右の支柱2点から係留する方式で、2点で係留することから各種の行動を制限している可能性があります。ニューヨークタイストールはネックレール(馬栓棒)に1本の鎖あるいはロープで乳牛の頸を係留する方式で、自由度が比較的高い一方、餌や寝場所の競争が起こる可能性が指摘されています(畜産技術協会、2009)。

このように係留方式によって、乳牛の行動は異なると考えられます。そこで筆者らは、これら3種の係留方式における乳牛の行動発現頻度の定量化を試みました。係留するロープ(チェーン)の長さ(タイストール97cm、コンフォートストール95cm、ニューヨークタイストール87cm)の他、ストールの幅と長さ、サイドパーテーションの高さと長さ、ネックレールの高さに大きな差はありませんでした。

行動観察の結果、横臥位休息、睡眠、身繕い、親和行動、敵対行動、異常行動の発現頻度に係留方式の違いによる差は認められませんでした。また行動1回当たりの持続時間を解析した結果、ニューヨークタイストール(197秒/回)での睡眠持続時間がタイストール(93秒/回)よりも有意に長いことが分かりました($p<0.05$)。これまでの

写真10　ケベック式タイストール牛舎

研究から、休息や睡眠は行動の充足時に多く見られると報告されており(Ninomiyaら、2007)、快適性の指標になると考えられています(後藤ら、2008および四ノ宮ら、2008)。ニューヨークタイストールにおける睡眠持続時間が長かったという結果は行動の充足度を反映した可能性があります。

さらに近年は、新たな係留方式としてケベック式タイストールを採用している牧場も見受けられます(**写真10**)。この方式の特徴は、馬栓棒の代わりにチェーンを使い、その高さを個体ごと(牛床ごと)に変えられることです。このため、伏臥姿勢から立位姿勢への移行動作時に頸部への当たりが少なく、乳牛へのダメージも少なくなります。また対頭式牛舎の場合、容易に乳牛を出し入れできます。

牛舎評価のポイント

第Ⅳ章 牛体の汚れと損傷・ケガ

及川　伸／中田　健

　本稿では、牛体の汚れや損傷・ケガの発生状況に基づき、牛舎を評価し改修する上で、押さえておくべき基礎知識と評価の実際について、牛体の汚れ編と牛体の損傷・ケガ編の2つの節に分けて解説します。

第1節・牛体の汚れ編のポイント

①牛体の汚れの度合いが、乳房炎や肢蹄の感染症の発生に結び付いているので、各種スコアを定期的に記録して、改善に努めることが重要
②牛体衛生スコアでは、個体ごとに牛体の汚れている割合を観察し、注意を要するスコア3と4の牛群における比率によって全体を評価する
③3項目の牛体衛生スコアのうち、乳房スコアは乳房炎の発生への関係が強いので最も注意が必要

　牛群における牛体の汚れ具合は、畜舎環境や飼養管理の良しあしと直接的に関係しています。汚れの度合いが、乳房炎や肢蹄の感染症の発生に強く結び付いているので、次に示すスコアを定期的に記録して牛群の状態を正確に把握し、改善あるいは維持に努めることが重要です

■牛体衛生スコア

　牛体の汚れを評価する方法として、アメリカ・ウィスコンシン州立大学で提唱される牛体衛生スコアがあります。このスコアは、牛体の汚れを3つの部位でモニタリングするものです。**図1**に示す通り、乳房スコア（後部の乳房から乳頭の周り）、大腿（だいたい）スコア（飛節の上部から最後肋骨の近辺）、下腿スコア（飛節から蹄冠上部〈外側〉）の3項目から成り、それぞれ観察部位の面積に対してどの程度（比率）の汚れがあるかを評価します。

　観察する際のポイントは**表1**の通りです。また酪農場におけるスコアリングの例を**写真1～3**に示しましたので参考にしてください。大腿ス

コアと下腿スコアは左右両側を評価して、より汚れの強い側のスコアを記録します。なお、これらスコアは主として牛のストールの衛生環境の影響を受けますが、フリーストール牛舎での下腿スコアは特に通路の衛生環境を反映しています。

　スコアと汚れている部分の比率との関係は、スコア1＝5％未満、スコア2＝5％

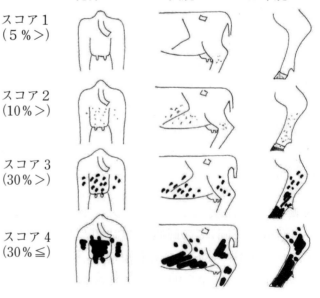

図1　牛体衛生スコアの模式
（Dr. Cookの Hygienene Scoring Form から抜粋、一部改変）
※ http://www.vetmed.wisc.edu/dms/fapm/index.html

表1 牛体衛生スコアと評価のポイント

項目	観察する上でのポイント
乳房スコア	
スコア1	糞便がほとんど見られない
スコア2	乳頭の近くに少量の糞便の跳ね返りが見られる
スコア3	下部の乳房の半分に糞便が明らかに斑状に見られる
スコア4	乳頭の上や周りを糞便が斑状に覆っている
大腿スコア	
スコア1	糞便がほとんど見られない
スコア2	少量の糞便の跳ね返りが見られる
スコア3	糞便が明らかに斑状に見られるが、毛は識別できる
スコア4	糞便がべったりと融合している
下腿スコア	
スコア1	蹄冠部の上部に糞便が見られない
スコア2	蹄冠部の上部に少量の糞便の跳ね返りが見られる
スコア3	蹄冠部の上部に糞便が明らかに斑状に見られるが、肢の毛は識別できる
スコア4	飛節に向かって糞便が一様に見られる

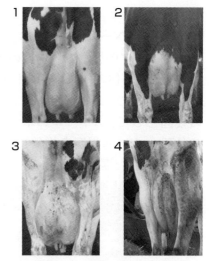

写真1　乳房スコア（1〜4）

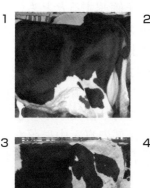

写真2　大腿スコア（1〜4）

写真3　下腿スコア（1〜4）

以上10％未満、スコア3＝10％以上30％未満、スコア4＝30％以上―となります。スコア1と2は問題なしと判断され、注意を要するスコア3と4の頭数が観察した全体でどの程度の比率で存在するかによって牛群の評価を行います。

なお、飼養頭数が100頭以下の農場では全頭、それ以上の規模の農場では各ペン（群）の少なくとも25％の牛をモニタリングすることが推奨されます。

筆者らのデータよると、乳房スコアが3以上の牛では、スコア2の牛に比べて約3倍乳房炎の発生が増加します。

表2は牛体衛生スコアのウィスコンシン州におけるスコア3と4の平均的な比率について、フリーストールとつなぎ飼い牛舎に分けて示しており、1つの基準と考えられます。モニタリング結果がこの表よりも下回ることが第1ステップになります。

■牛体が汚れやすい牛舎構造と改善方法

各種の牛体衛生スコアが3以上となっており、それが牛群の比率で**表2**の基準を超えていた場合は牛の居住環境、歩行環境あるいは飼養管理に問題があること

表2　牛体衛生スコアのウィスコンシン州における平均的なレベル

飼養形態	スコア3+4の比率（％）		
	乳房スコア	大腿スコア	下腿スコア
フリーストール	20	20	60
つなぎ飼い	20	30	25

を示しています。

【ボディースペースが短い場合】

乳房スコアの異常は乳房炎の発生に直結するので、牛体の汚れの中では最も注意すべき項目です。スコアが高くなる居住環境の要因として、ストールのボディースペース(175〜180cm程度を推奨)が短いことが挙げられます(**写真4**)。

写真5　ボディースペースの延長。マットも延長されている

尿溝の一部上部まで鉄パイプを延長するなどボディースペースを増やす工夫で対応します(**写真5**)。また、適正な位置で排糞尿が行われているかを確認するとともにカウトレーナの配置をチェックすることも重要なポイントとなります。

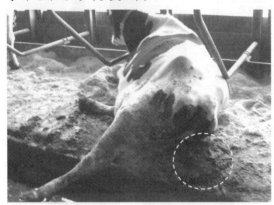

写真4　ボディースペースが短い例。対角線に横臥し、糞便を隣のストールとの境の仕切り柵の側にしている

ボディースペースが短いと牛は対角線上に横たわり、ストールの仕切り柵の側に糞便をしてしまいます。通常、糞尿はボディースペース内には落ちないような構造となっていますが、このような状況では容易に乳房が糞便で汚染されます。尻尾が糞尿(フリーストール牛舎では通路側、つなぎ牛舎では尿溝)を巻き込むこともあり、大腿スコアも高くなります。

フリーストール牛舎では、ボディースペースを十分取ることができるにもかかわらず、ネックレールが低過ぎたり、位置が後ろ過ぎたり、あるいはブリスケットボードが後ろ過ぎたりすることによって、結果としてボディースペースが短くなっていることがあります。そのような場合は、それらの位置を調整することによって適正なボディースペースを確保します。

一方、つなぎ飼い牛舎において、ストールサイズに対して牛自体が改良されて大きくなり、ボディースペースが短くなっている状態がしばしば見られます。このような際にも、乳房と大腿は汚れやすくなるので、

【ボディースペースが長い場合】

ボディースペースが長い場合、牛は真っすぐに横たわりますが、排糞尿はうまく尿溝に入らず、牛床後部の真ん中に落ちます(**写真6**)。この場合も乳房と大腿は汚れやすくなり、スコアは悪化します。フリーストール牛舎であれば、ネックレールやブリスケットボードで調整が可能です。しかし、このような状態は牛体がまだ小さい牛(初産牛)に見られますので、その際は小まめなストールの衛生管理でカバーすることが必要です。

【ボディースペースが問題な場合の管理】

ボディースペースに問題がある場合は、

写真6　ボディースペースが長過ぎる例。糞便がストールの中央に落ちている

前述のように牛舎構造や施設部品を調整することよって解決できますが、同時に飼養管理を徹底することによって問題のレベルを下げることができます。最も重要なのが牛床の敷料管理です。具体的には「牛床に十分な敷料が供給されているか」「敷料の衛生状態はどうか」「除糞回数は適正か」について確認します。

乳房と大腿のスコアが高い場合は、敷料の管理をより強化する必要があります。どの程度の敷料の量、除糞回数が必要かについては、スコアを指標として検討することになります。ボディースペースが汚れていれば、スコアが上昇し乳房炎の発生も増加します。きれいであれば、スコアが低下し、乳房炎の発生も減少します。非常に単純な関係です。

【通路が汚れている場合】

フリーストールのような放し飼い牛舎で問題となるのが下腿スコアです。このスコアは牛が歩く通路の衛生状況を反映しています。通路の清掃状況が不十分であれば、スコア3や4を示す牛の比率が増加し、蹄病（趾〈し〉皮膚炎、趾間結節など）の発生リスクが上昇し、場合によっては関節炎の拡大を助長する結果となります。このような疾病に罹患（りかん）すると、飼槽へのアクセスが減少するので、乾物摂取量が低下し、結果として乳生産が減少します。

糞尿の清掃は、通路にバーンスクレーパが設置されていれば定期的に自動実施されますが、その回数によって清掃度合いが違ってくるので確認が必要です。回数は多いほど通路はきれいになりますが、牛の歩行の妨げにならないような配慮が必要です。冬季の凍結にも留意しなければなりません。

搾乳ロボットでは、通路からの乳頭への糞尿の跳ね返りが問題となるので、バーンスクレーパの設置が重要になります。また、バーンスクレーパを備えていない場合は、小型の重機（スキッドステアローダなど）で少なくとも1日朝晩の2回清掃する必要があります。

◇　◇　◇　◇

牛体の汚れに関しては牛体衛生スコアでモニタリングすることが重要です。特に乳房炎のコントロールを考える際には、非常に重要な管理の1つとなります。しばしば、畜舎、施設の改善や調整は根本的な改善策となることがあります。加えて、適正な飼養管理の励行も重要なポイントです。

写真7に同規模の2つのフリーストール農場の乳房の状態の比較を示しました。B農場の牛群の乳房はA農場に比べて、格段にきれいで、ほとんどがスコア1と2でし

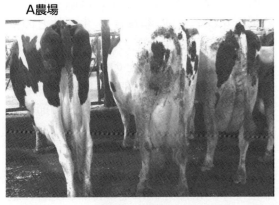
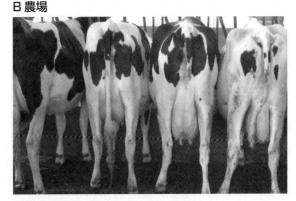

写真7　乳房スコアの比較。Aはスコアが高い農場、Bはスコアが低い農場
＊同規模のフリーストール牛舎

た。一方、A農場の乳房スコアは153が表2の基準よりも大幅に高い状態でした。B農場は適正なストール設計で、敷料も十分に供給していました。フリーストールでは牛体は汚れても仕方ないと思いがちですが、環境が良好であれば、スコアも良好になるという好例です。　　　　　　　　【及川】

【参考文献】
1）及川伸監修（2011）「乳牛群の健康管理のための環境モニタリング」酪農学園大学エクステンションセンター臨時増刊号
2）及川伸編著（2017）「これからの乳牛群管理のためのハードヘルス学（成牛編）」緑書房
3）及川伸・三好志朗監修（2013）「牛は訴えている～カウコンフォートの重要性～」Dairy Japan臨時増刊号

第2節・牛体の損傷・ケガ編のポイント

①体表の毛の擦れなど損傷が見られたら、その部分が接触する構造物を探し、どのような行動をしながら構造物に体を接触させているか確認する
②体表に損傷のある牛に気が付いたら、周囲の牛も確認し類似する損傷を持つ牛の特徴、産次数、分娩後日数から、問題となる構造物を絞り込む
③構造物に磨かれて光っている、削れている箇所があれば、それは牛が接触している部分であり、なぜ接触するのかを確認する

　牛舎内のさまざまな構造物は、牛の行動と管理者の作業性、双方の利点と欠点の折り合いをつけて、工夫され設計されています。全ての牛にとって100％の快適性と管理者にとって100％の作業性が満たされる牛舎環境をつくり上げることは大変困難です。新設牛舎は通常、その農場で中心となる年齢または産次の牛に合わせて設計されていますが、牛群は日々変化し続けていることを忘れてはいけません。

　牛舎内環境については、牛の移動が制限される（つなぎ飼い）牛舎では、休息する環境、採食・飲水をする環境、搾乳をされる環境、人工授精・治療される環境は同一です。分娩する環境も同一の所が多い。一方、牛の移動制限が少ない（フリーストール牛舎、フリーバーン）施設では、前述の環境はそれぞれ別々で、さらに各場所への移動通路も環境に含まれます。

　牛の移動制限が少ない施設では、牛は1乳期中に、乳量に合わせた管理、乾乳期管理、分娩管理などを目的にペンの移動も行われます。そこで、それぞれの環境で、牛が行う行動を制御または制限している構造物と、牛の体が接触する構造物および床面との関係を整理しながら、牛の損傷とケガ（疾病を含める）のモニタリングから、牛の安楽性と生産性を高めるための環境改善について考えてみます。

■損傷ができやすい部分とは―対応と対策

　ストールの構造物および床面が原因で、毛の擦れ、傷および皮膚の肥厚・腫れが生じやすい体表の部位を知っていますか。毛の擦れる部位によって、その要因が変わってきます。部位別に要因を見ていきましょう。部位の位置と名称は図2を参照してください。さまざまな周辺施設の問題点を見つける共通のポイントは、環境と牛の両方から確認することです。

　環境からのアプローチとして牛が接触する設備を確認します。構造物が牛にきれいに磨き上げられている、または削られている場所を探します（写真8）。牛の体との位置関係を確認し牛の毛の擦れ、または皮膚の肥厚、腫れ、外傷などの有無を調べてみましょう。牛の皮膚の肥厚、腫れが目立つ場合には、構造物の位置や高さの調節を考える必要があります。

【飛節（飛節および飛端内側）】

　飛節は多くの牛で毛の擦れが観察される部位です。飛節外側に毛の擦れ、皮膚の肥厚が見られる牛が増えてきたときには、牛にとって寝起きをしているストールが快適でないことが考えられます。横臥（おうが）

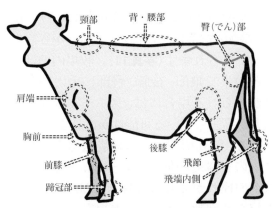

図2　牛舎内の構造物で毛の擦れや傷を受ける部位

写真8　磨き上げられた飼槽馬栓棒と頸部のこぶ

および伏臥休息時に体の下になった飛節は後駆(こうく)の重みがかかる部分の1つです。牛の飛節は人の足のくるぶしに相当し、少し側方に骨が飛び出しています。そのため、寝返りおよび起立時に後肢を伸ばしたり、曲げたりするときに、床面と飛節の間に摩擦力が生じます。飛節と床面との摩擦力が高まると毛の擦れが起こりやすくなります。

摩擦力が高まる要因には❶床面がザラザラしている❷床面が硬い❸床面が湿っている❹敷料が不足している❺マットが硬化している❻マットが凹んでいる❼マットがめくれ上がっている—などが挙げられます。最近普及しているクッション性とグリップ性の高い発泡ウレタンマットにも注意が必要です。ウレタンマットは湿度の低い欧米で開発されたものが多く、ストールの乾燥が保証されている所では敷料が少なくても、沈んだマットと牛体との間に湿気がたまりません。日本は欧米と比べ夏の湿度がかなり高いため、ストールと牛体との間の熱と湿気を取り除くために十分なストールの換気および敷料が必要不可欠です。

また、牛の体長に対してストールが短い場合には、横臥休息時に体の下になった後肢の飛節、上になった後肢の飛端内側がストール後側の角に接触し、広い範囲の擦れ、飛節の腫れが見られることがあります。

ストール内で尿が排せつされると、毛がぬれて摩擦力が強まるとともに、体の汚れが目立つようになります。当然、尿でストールは湿り、滑りやすくなるため、病原体の増加に伴う乳房炎、起立・伏臥の行動がしにくくなり蹄病発生にもつながることがあります。この場合、排尿時の四肢の位置を決めるために、つなぎ飼いではカウトレーナ、フリーストールではネックレールの位置と高さを再確認しましょう。

飛節部分の毛の擦れが気になったら、主にストール床面と牛が横臥している姿勢を確認して対策を考えます。大腿部および後肢の汚れが目立つときは、体と床との間の摩擦力が高まっていることがあるため、体の汚れと併せて確認しましょう。

【前膝(ぜんしつ=ひじ)】

前膝は牛が寝起きをするときに体重移動の支点となる部位です。前膝をつく場所は、フリーストールではブリスケットボード手前、つなぎ飼いのストールでは飼槽壁手前になります。前膝の毛の擦れが目立つ場合には、前膝が接地する床面を確認し、摩擦力を高める要因を減らすようにします。

つなぎ飼いの牛舎でストールの床面は適切であるにもかかわらず、前膝が擦れて皮膚の肥厚が見られることがあります(158ジ写真9、10)。その多くは、餌がストールの近くにないため、できるだけ遠くの餌を食べようと前膝を折って頸を伸ばした姿勢を続けていることが原因です。この場合、給餌後の餌寄せの時間帯や回数の変更の検討が必要です。

【後膝と臀部】

起立困難の牛では、寝返りをあまりせず、

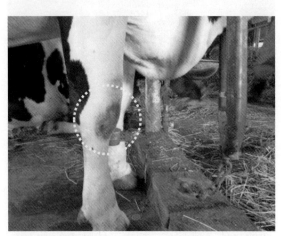

写真9　つなぎ飼い牛舎で見られる前膝の毛の擦れ。床面の硬さ、餌が遠くに広がっていないか注意する

写真10　つなぎ飼い牛舎で見られる前膝の皮膚の肥厚や腫れ。餌寄せ回数が足りないことが原因の場合もある

写真11　産褥（さんじょく）期の起立困難牛では経過後に後膝、臀部および飛節に出血やかさぶたを伴う毛の擦れが認められることが多い

長い時間下側にしている後膝（ひざ）の皮膚、飛節、臀部に毛の擦れ、出血、かさぶたなどが見られます（**写真11**）。牧場内のほとんどの牛で飛節、後膝、臀部に毛の擦れだけが見られる場合には、ストール床面の摩擦力が高まっている可能性があります。

一方、泌乳初期または泌乳最盛期でルーメンの充満度の低い牛に飛節、後膝、臀部に毛の擦れが見られる場合には、起立困難や起きる回数が少ない、といった問題がないか確認します。同時に毛の擦れが多い側の後肢、糞の状況（硬さ、未消化繊維の量）、ルーメンフィルスコア（ルーメンマット）も確認し、肢蹄、消化器系などの問題も疑いながら牛を観察します。

特定の泌乳のステージ、または特定の産次の牛に問題がある場合には、それらの牛に共通な環境の問題をさかのぼって考え、速やかに対応を開始します。特に分娩直後は飼養環境の変化、生体内の恒常性の変化が大きく、牛に一番負荷がかかる時期になります。分娩直後の牛の問題を軽減するためにも、乾乳時の環境を定期的にチェックしましょう。

【前肢蹄冠部】

前肢蹄冠の前方部分に擦り傷、かさぶたがあることがあります。前肢蹄冠が接触するストール構造体は前膝と同様、フリーストールではブリスケットボード、つなぎ飼いでは飼槽壁になります。

牛は起立するときに前膝を支点として頸を前方に伸ばし体重を前方に移動してから、お尻を上げるように両後肢を立てます。次に前肢を体の下から1本ずつ抜きます。そのときに最後に立ち上がる前肢1本を、ブリスケットボードまたは飼槽壁を越えて前方に出すことがあります。放牧場で牛が起立するときには、最後に立ち上がる前肢1本を体の前に出して一歩前進するようにして立ち上がります。牛が頭を前方に伸ばして起立できるストールでは、ブリスケットボード、またはつなぎの飼槽壁が角ばっていると、起立しようと前肢を前方に抜く

写真12　前肢蹄冠部の皮膚の肥厚と角材を使用したブリスケットボード

ときに蹄冠の部分を角にぶつけてしまうようです(**写真12**)。

　前肢蹄冠の前方に傷が目立つ牛が多いときは、牛の起立の動きとストールの構造物との位置関係を確認してみましょう。それ自体が大きな問題となることは少ないかもしれませんが、牛舎の新築・改修の際には、構造物の高さを確認するとともに、角を減らして牛の体に傷を生じさせないようにすることも考えましょう。

【背・腰部背線】

　腰部の背骨のラインに毛の擦れ、擦り傷、こぶのような腫れがある場合には、横伏臥休息時の牛の姿勢とストールのディバイダー(隔柵、仕切り柵)との位置関係を確認します。ストールの長さ(ボディースペース)が短い場合、牛はストールに対角線上に寝ることが多くなります。そのときディバイダーが高い、あるいは短いと牛の体がディバイダーの下に入って背骨とぶつかるようになります。

　その結果、背中の毛が擦れて、ひどい場合には傷となります。また、滑りやすい床面では横伏臥時に後肢の位置が決まらずに、滑りながら勢いよくストールに横になるためディバイダーに背中をぶつけてしまうことがあります。後肢が蹄病の牛も横臥するとき、痛い肢をかばいながらその肢を下にして倒れるように勢いよく横になるため、ディバイダーに背中をこすり、ぶつける機会が多くなり、背中に傷、こぶができることがあります(160ｼﾞ**写真13**)。そのような牛が多い場合には、背中のこぶが気になる牛の特徴を確認し、ストールの構造を見直して、牛がまっすぐに寝られるよう工夫してください。少数の場合には、その牛たちが寝起きをするときの動作を確認して、特に下にしている肢蹄に問題がないか確認します。

【頸部】

　フリーストールには、頸部が接触する構造物が2つあります。1つは飼槽の馬栓棒、もう1つがストールのネックレールです(160ｼﾞ**写真14**)。頸部にスレ、皮膚の肥厚、こぶが認められる場合、多くは飼槽の構造、餌押し回数の不足などが要因ですが、飼槽に問題がない場合にはストールのネックレールの位置または高さが牛にとって窮屈な可能性があります。牛が寝起きをするときに動作がスムーズに行われているか、頸部がネックレールにぶつかっていないか、確認してください。

　つなぎ飼いの場合には、餌を食べるときの牛の姿勢と、牛の前方にある馬栓棒またはタイストールのフロントレールとの位置関係を確認します。

【肩端】

　肩端部分の毛の擦れ、皮膚の肥厚はスタンチョン方式のつなぎ飼い牛舎の他、フリーストールまたはフリーバーンの飼槽に

写真13 ディバイダーとの接触による背部のこぶ。この牛は左後肢の蹄病のため、横伏臥をするときに倒れ込んで柵に背部をぶつけている

写真14 つなぎ飼い牛舎では、牛が採食するときに構造物にぶつからないで食べられる位置に餌があることが理想

連動スタンチョンや個別の仕切りがあるフェンスが設置されている場合に見られることがあります。いずれの構造物も、牛が飼槽で餌を採食する際に肩（肩甲骨）で前方への行動を制御するための設備になります。いつも餌が届く範囲にない場合、体を前に押し付けて遠くの餌を食べるような行動を繰り返し、肩端が構造物と接触することになります。

また、飼槽のフェンス（スタンチョンなど）の下側のレールが牛にとって高い位置に設置されていると、飼槽全体の餌を食べられるように、頭をできるだけ遠くまたは下に届くようにするため、体を飼槽のフェンスに押し当てるようになります。そのとき、ぶつかる肩端に毛の擦れなどができるようになります。前膝のときと同様に、餌が飼槽の食べやすい位置にいつもあるよう餌寄せ回数を増やすことが第一の対策になります。飼槽のフェンスおよびスタンチョンの高さに問題があり改築が行える場合は、できるだけ低く設置するようにします。

【胸前（むなさき）】

フリーストールまたはフリーバーンにおいて、高く設置されている飼槽壁や連動スタンチョンの下側のポールが、飼槽での前方への行動を制御することがあります。そのため、餌が届きにくい場所にある場合には胸前の部分が飼槽壁にぶつかる機会が増え、胸前部分の毛の擦れが見られようになります。飼槽壁のつくり替えは困難な場合が多く、まずは餌を食べやすい位置にいつ

もあるように餌寄せを行います。牛舎を新築したり飼槽壁を改修したりする際は、飼槽壁または連動スタンチョンの下のポールは、牛の胸前までの高さが基準になります。また、飼槽壁は馬栓棒の高さと位置も再確認して調整します。

■構造物が原因で疾病になる メカニズムと対策

牛舎の構造物が疾病を引き起こすメカニズムやその対策について考えてみましょう。ここで示す例を1つの参考として、それぞれの農場の環境に照らし合せて応用してください。

【乳房炎】

糞由来の病原体による乳房炎に注意しましょう。糞を介して病原体が乳頭口から乳房に入り込むことが最初の引き金となります。乳房の汚れが気になる場合は、糞尿がストール上に排せつされやすいストール構造になっていないか確認します。

具体的には、牛に対して牛床が長過ぎる、ネックレールが高過ぎる・前過ぎる、などが挙げられます。この場合、牛が排便・排尿時に前方に移動しやすく、排せつ物をストール内にしてしまい、ストールが糞尿で汚れてしまうため乳房炎発生の危険性が高まります。ストールが短い場合も、牛はストールに対角線上に伏臥するため、隣のストールに糞が排せつされ、隣の牛の牛体を汚してしまいます。体の大きな牛の隣は注意しましょう。

つなぎ飼い牛舎で、隔柵がなくストールが牛に対して短い場合に、複数のストールにまたがるように斜めまたは横になることがあります。また、カウトレーナが機能していない農場では、ストール内に尿をすることが多くなり牛体を汚し、乳房炎の発生につながります。

【蹄病】

蹄病の要因として、長時間の起立による蹄への負重時間の増加、無理な態勢での前肢、または後肢への過度な負重などが挙げられます。どのようなケースで起こりやすいのでしょうか。

フリーストール牛舎ではストールのサイズが狭い、ネックレールが低い、前方または側方に頭を突き出すスペース(ヘッドスペース)が狭いなどが原因になります。その結果、横伏臥しにくくなりストール上に起立したり、ストールに前肢を、通路に後肢を乗せたパーチング姿勢を取ったりして、長い時間を過ごします。また、暑熱ストレスのかかる時期に、換気などの対策が不十分な場合は、横伏臥時に床面と接触する部分にこもる熱や湿気を嫌い起立していることが多くなります。

その他、牛の密度(飼養密度、飼槽密度)が高くなると、牛が密集する際に競合が起きやすくなり、起立している時間が長くなります。特に乾乳期のペンでは、妊娠牛の分娩前の生理的な変化(体重の約1割増加、ホルモンによる靱帯=じんたい=の弛緩=しかん、受胎産物の増大による消化器系臓器の物理的圧迫と腹囲増大など)により、長時間の起立が蹄および蹄形成に負の影響を及ぼします。

つなぎ飼い牛舎では、飼槽の床面の構造による前肢の蹄にかかる負重が増大することがあります。餌の拡散防止の目的で飼槽床面を半ドーム状に削り、牛の起立床面よりも低くしている場合、前肢を飼槽壁前に並べて肢元よりも低い場所にある餌を毎日食べることになります。その位置まで頭を下げることで、前肢の蹄に負重が多くかかるようになります。蹄への負重が持続することで起こりやすい蹄病は蹄底出血、白線病、蹄底潰瘍などです。これらの蹄病が多発する場合には、蹄病の発生部位、発生時期を整理して、牛舎内構造物に問題はないか考えてみてください。

【ケトーシス、第四胃変位、アシドーシスなど】

牛舎の構造上の問題、蹄病などにより、起立時間の増加、採食回数と飲水量・回数の低下が起こります。その結果、高濃度飼

料の固め食い、反すう回数・時間の低下、ルーメン内細菌叢(そう)の変化、ルーメン内の消化率低下に加え、飼料通過速度も増し、負のエネルギー状態に陥ります。その結果、体脂肪から過度にエネルギーが動員されるようになり、肝臓ならびに消化器系の問題へと波及していきます。ケトーシス、第四胃変位、アシドーシスが多発している場合は、休息環境、採食環境などを確認して、共通の問題点を整理してみましょう。

　ストールなどの既存の構造物に手を加えるときには、試しに一部を変更し様子を見ます。牛が環境に適応するには1週間程度かかるため、期待した効果が得られているか、牛の行動や牛と構造物の位置関係、寝起きのしやすさ、そのストールが優先的に選択される頻度を確認します。さらなる改善が必要であれば実施して、快適性が期待通り高まっているようなら、ストール全体を変更します。牛舎を新築する場合には、飼槽、ストールのネックレールは牛の体型の改良、牛群構成の変化に対応して容易に変更できる形態のものを選択します。

　また、牛は滑ったことがある場所、ぶつかってケガをした場所、追い込まれて逃げ場がなくなった場所を嫌い、そこに近づかなくなります。そのため、一時的にできた擦れや傷は体表から消えていくことが多いものです。一方、毎日行なわなければならない動作や行動の中で体がぶつかる、またはこすれる部分がある場合は、接触する力と頻度で毛の逆立ち、毛の擦れ、皮膚の肥厚、腫れ・出血へと進んでいきます。

　全ての牛が快適に過ごせる環境を提供することは困難ですが、少しでもそこに近づける工夫が求められます。自分の牛群にとって最適な環境を探るには、牛を観察するのが一番です。体に汚れや傷がない牛が多いことが、その答えの1つといえます。牛の体が汚れる要因、毛が擦れてしまう要因を、できるところから1つずつ減らしてみてください。牛はゆったりと長い時間休息するようになり、皆さんの期待に応えてくれることでしょう。
　　　　　　　　　　　【中田】

第Ⅳ章 経営面からの投資の判断

牛舎評価のポイント

日向　貴久

本稿のポイント
①規模拡大に伴い、固定資産保有額と負債も増加している
②投資において重視すべきはキャッシュフロー　③償還計画は入念な経営計画を基に設定すること

　酪農経営において牛舎は、乳牛を収容する重要な施設です。家畜の健康を守り、快適な環境を与えることで生産性を上げる大事な役割を担っています。牛舎の新築・改修をすることは、経営を永続させていく上で必要不可欠です。

　酪農経営には数々の意思決定が存在します。それは日々の飼料給与量や人工授精、乾乳、淘汰(とうた)のタイミングといった日常的な業務に対する決定と、機械や施設に対する投資の決定の大きく2つに分類できます。中でも投資に係る意思決定は、その額が大きいこと、多くは負債を持つことを余儀なくされること、経営の在り方に大きな影響を与えることから、慎重な検討の下での判断が必要となります。牛舎の新築や改修に係る投資の決定は、そのほとんどが規模拡大や生産体系の変更を伴い、将来の経営を大きく左右する要素となります。特に、牛舎にかかる建築コストの高さは、経営の意思決定を難しくする大きな課題となってきました。

　本稿では経営分析の観点から、投資に係る意思決定において、投資額や償還計画を設定する際の基本的考え方やその具体的方法と、牛舎の新築・改修時に注意すべきことについて解説します。また、施設の投資に当たって現在利用可能な公的資金や制度についても説明します。

■酪農経営の拡大と投資、負債

　酪農における規模拡大は第2次世界大戦後、一貫して進んでいることはよく知られていますが、それに並行して、酪農経営が保有する固定資産の額も非常に大きくなっています。

　農林水産省の営農類型別経営統計より、2005年から15年の10年間における経産牛50頭以上の酪農単一経営(酪農部門による販売金額が総販売金額の8割以上を占める経営)での農業所得と、年末における農業固定資産の保有額を164㌻図1に示します。これによると、全国平均の所得は05年ではおよそ1,300万円だったのが、15年では600万円増加して1,900万円になっています。一方、農業固定資産額を見ると、全国平均で7,200万円から7,800万円へと増加しています。

　北海道と都府県とを比較すると、所得は大きく変わらないものの、固定資産額は、05年において北海道7,700万円、都府県6,100万円と1,600万円の差が見られ、15年までの10年間で北海道が800万円、都府県が600万円ほど増加しています。現有の資産の価値が減価償却によって目減りしている上で、固定資産の合計額は増加していることから、固定資産への投資の大きさがうかがえます。

　それでは、固定資産の内訳はどのようになっているでしょうか。164㌻図1と同じ統計を用いて、同時期における農業固定資産の内訳と負債残高を見たのが164㌻表1です。固定資産の定義は、農業経営の生産手段として1年以上の長期にわたって使用される資産であり、主に建物、農機具、土地、

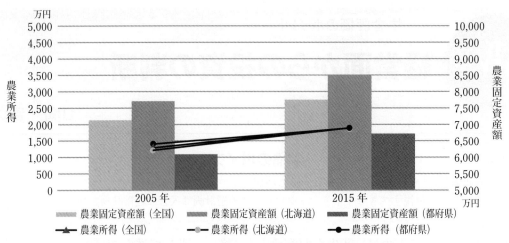

図1　酪農経営における農業所得と農業固定資産額の推移

資料：『営農類型別経営統計（個別経営）』、農林水産省
※搾乳牛50頭以上の酪農単一経営が対象

自動車などに分類されます。また、牛生体も固定資産の中に入ります。

表1によると、15年の固定資産保有額の全国平均は8,229万円となっています。内訳で一番大きいのは牛生体、次いで建物となっています。この傾向は北海道と都府県で共通しています。05年から15年までの10年間に全国平均で固定資産が663万円増加していますが、牛生体と建物の増加額は共に500万円前後でした。すなわち、乳牛頭数の拡大に伴い、乳牛資産の増加と同様の規模で建物への投資も行われているといえます。

また、固定資産が大きくなるということは、投資に係る負債の増加にもつながります。表1によると、酪農経営の負債はこの10年間でおよそ710万円増加しています。先ほどの同時期における固定資産の増加から考えると、固定資産の増加は、そのほぼ全てが負債によって賄われてきたものと指摘できるのです。

■投資の際に重視すべき
　　　　　　　　キャッシュフロー

経営を継続していく上で、投資は欠かせないものです。一般に、投資をすることによって、飼養環境や労働者の労働環境が向上することから生産性が高まり、利益が増大します。

一方で、牛舎への投資は❶多額である❷投資の回収が長期にわたる❸資産が固定化

表1　酪農経営における農業固定資産の内訳と負債額

（単位：万円）

	2005年			2015年		
	全国	北海道	都府県	全国	北海道	都府県
固定資産　計	7,566	7,638	7,433	8,229	8,553	7,775
牛生体	3,141	3,383	2,695	3,687	4,150	3,039
建　物	2,576	2,686	2,372	3,073	3,243	2,835
農機具	997	1,157	702	650	767	487
土　地	789	353	1,594	787	359	1,387
自動車	63	59	70	31	34	26
負債	3,671	4,239	2,623	4,381	5,485	2,836

資料：図1に同じ
注：年末における評価額のため、表1の数値（決算本手続き後）とは異なる

し資金不足に陥っても資産の現金化が困難になる❹一度投資をすると生産体系を簡単に変更することができなくなる—といった事情から、投資には非常に難しい経営判断を伴います。生産規模に比べて投資の規模が大き過ぎる、いわゆる過剰投資が原因で経営不振となっている例も少なくありません。

実際の返済年数と法的な耐用年数には大きな違いがあります。投資に当たっては、「黒字倒産」という言葉がある通り、会計上では収益が発生し、順風満帆に見えるようでも、実際には資金繰りが悪化し、経営が回らなくなることも考えられます。また、実際の返済年数と資産の実際の使用年数にも大きな違いがあります。

経営関係の統計を見ると、酪農における経営費のうち、建物などの固定資産にかかる費用(減価償却費)はそれほど大きくありません。ただし、減価償却費は、長期で見ると投資に要した取得価額を実際に建物の使用年数で割ったものに近くなります。返済年数は、使用年数と比較するとほとんどの場合で短くなることから、実際の返済額は統計上の減価償却費よりも大きくなります。つまり、施設に関する投資をする際には、資金繰り、すなわちキャッシュフロー(CF)を考慮に入れて試算を行い、資金のショートが発生しないことを優先させて計画を立てる必要があるわけです。

■投資判断の手順

投資可否に関する判断の基本的な考え方は、当然ながら「投資に係る費用を上回る経済効果を得ることができるか」になります。ですが実際の経営では、労働の軽減や作業性の改善を目的とした建て替え、経年劣化による建て替え、災害による建て替えなど経済的な効果だけが目的ではないものもあります。

大規模投資の際に特に注意すべきことは資金のショートの回避、すなわち「年間の負債返済額に無理がないかどうか」ということになります。一般経営における管理会計の手法として、設備投資の意思決定には、**表2**のようにいくつかの評価手法があります。本稿では、投資判断はキャッシュフローを重視した評価であるべきことと、計算を単純にすることを考え、回収期間法による評価の仕方を紹介します。

表2　投資の意思決定における代表的な評価手法

	内容	利点
正味現在価値法	投資で得られる経済効果を現在価値に直し、投資額と比較する方法	複数の投資案から1つを採用する際に、正しい評価が行える
内部利益率法	(正味現在価値法と同じ)	正味現在価値法より計算が単純である
会計的利益率法	会計上の利益と投資額との比から複数の投資案を比較する方法	会計上の利益と整合性があり、理解が容易である
回収期間法	CFを用いて、投資の回収期間を算出する方法	計算が単純である

投資判断の手順の一例は166㌻**図2**の通りです。まず、当該経営における返済期間中の年間返済余力がどの程度であるかを把握するため、投資後の大まかな収入と支出の精査を行い、キャッシュフローの計画を立て、年間収支総括表を作成します。

次に、投資による負債の年間返済額について回収期間法を援用して求めます。最後に、各年の返済余力と年間返済額との比較により、キャッシュフロー計画や投資内容の検討を行います。

【キャッシュフロー計画の策定】

乳牛70頭の酪農経営Aを想定して、工程ごとに手順と注意する点を説明するとともにA経営の年間収支総括表を作成していきましょう。ここでは、投資後を想定したキャッシュフロー計画を立て、年間収支総括表を作成します。

1) キャッシュフロー計画の策定	返済期間における収入・支出の精査 返済余力の把握
2) 年間返済額の確定	資本回収法の援用により、年間返済額の把握
3) 上記の比較によるキャッシュフロー計画と年間返済額の再検討	返済余力≧年間返済とするため、キャッシュフロー計画や投資内容の再検討

図2　投資判断の手順

年間収支総括表の記載項目は**表3**の通りです。キャッシュフロー計画を立てる上では、参考になるデータをベースとして作業する必要があります。一番参考になるデータは、投資を予定する経営における過去の収支です。例えば、青色申告決算書の作成に利用する複式簿記の仕訳帳や、農協の営農口座の出納データ(北海道の場合は組合員勘定)が該当します。作業に当たってはパソコンを使うのが理想的です。その際、紙媒体のデータは入力に手間がかかるため、「xlsx」や「csv」といった拡張子のついた、表計算ソフトで利用できる電子データを準備しましょう。

①**収入**：初めに、収入の見積もりを行います。収入を、乳代収入と個体販売収入、その他収入の3つに分類し、それぞれ積算しましょう。

乳代収入は1頭当たり乳量(kg/頭)と経産牛頭数(頭)、乳価(円/kg)で構成されます。このうち、1頭当たり乳量の計画値は、過去の推移と増減の理由をしっかりと確認した上で、いつまでに、どのくらいの水準にできるのかを考え、時期と数量の目標を立てましょう。経産牛頭数と育成牛頭数の計画値は、現在の牛群の平均産次数、産次構成、育成牛の保有状況、今後の労働力と牛舎・搾乳施設の稼働状況を確認した上で、増頭や現状維持の方針を立て、数値を確定させましょう。

表4のA経営の例では、1頭当たり乳量は現在8,500kgですが今後、年間100kgずつ、5年間で計500kgの増加の目標を立てて

表3　年間収支総括表の記載項目（例）

年次	2018…
乳牛頭数	（頭）
経産牛	（頭）
育成牛	（頭）
1頭当たり乳量	（kg）
出荷乳量	（t）
乳価	（円/kg）
乳代収入	（万円）
個体販売収入	（万円）
その他収入	（万円）
収入　計	（万円）
変動費	（万円）
固定費	（万円）
支出　計	（万円）
収入ー支出	（万円）
家計費	（万円）
既存負債返済	（万円）
返済余力	（万円）

表4　A経営の年間収支総括表（収入の計画値まで）

年次		2018	2019	2020	2021	2022	2023	2024	2025	2026	2027
乳牛頭数	（頭）	70	70	70	70	70	70	71	72	73	74
経産牛	（頭）	50	50	50	50	50	50	51	52	53	54
育成牛	（頭）	20	20	20	20	20	20	20	20	20	20
1頭当たり乳量	（kg）	8,500	8,600	8,700	8,800	8,900	9,000	9,000	9,000	9,000	9,000
出荷乳量	（t）	390	394	399	403	408	413	421	429	437	446
乳価	（円/kg）	95	95	95	95	95	95	95	95	95	95
乳代収入	（万円）	3,701	3,745	3,788	3,832	3,875	3,919	3,997	4,076	4,154	4,232
個体販売収入	（万円）	280	280	280	280	280	280	280	280	280	280
その他収入	（万円）	150	150	150	150	150	150	150	150	150	150
収入　計	（万円）	4,131	4,175	4,218	4,262	4,305	4,349	4,427	4,506	4,584	4,662

ます。経産牛頭数は、増頭を乳量増加の後に実施することとし、年1頭のペースで増頭していくこととしています。乳価は政策的に決定されるものなので、現行の価格か、過去の平均値などを採用して表に記載しますが(**表4**では現行の95円／kgで固定)、体細胞数や細菌数の改善から成分乳価の向上を目指す場合は、その乳価上昇分も見積もってください。これらの数値を確定させることで、年間の乳代収入の計画値を算定することができます。

個体販売収入は育成牛販売収入、初妊牛販売収入、廃用牛販売収入で構成されます。個体販売をどの段階でどの程度行うかの方針は、経営によってさまざまです。ただし、酪農経営の全収入に占める個体販売収入の割合は一定程度大きく、地域によっては15％前後にもなることから無視することはできません。過去の販売データを基に今後の販売方針を考え、計画を立てていきましょう。その他収入は、農業雑収入である各種公的補助金のほか、共同作業への出役や機械のオペレーター作業の受託があれば、その受託料収入を記入しておきましょう。これらを記入すると、**表4**のような収入計画が完成します。

②**支出**：収入の見積もりが完成したら、次に支出の見積もりを行います。帳簿などを見ると支出の費目はたくさんありますが、ここでは変動費と固定費の2つに分類し、それぞれ積算しましょう。支出の中で、変動費になるものと、固定費になるものの区分の例を**図3**に示します。

変動費は生産規模に支出額が比例する性質のもので、生産規模が1単位(酪農であれば乳牛1頭)増えるごとにほぼ定額で増加します。酪農において代表的なものは、飼料費などです。固定費は生産規模にかかわらずある程度一定の(または、段階的に増加する)費用で、修理費、研修費、公課諸負担、農業雑費などが挙げられます。

過去の支出に係るデータを用いて、各費目を固定費と変動費に分けます。費用を家畜部門(できればさらに搾乳牛と育成牛)でかかったものか、草地部門でかかったものかそれぞれ区分しておくと、生産の体系が認識でき、自己の経営のさらなる理解にも役立ちます。

支出の見積もりは、変動費と固定費それぞれで行います。変動費を見積もる際、変動費の総額を頭数で割り、今までの1頭当たりの金額と今後も同様になると単純に考えがちです。しかし、放牧とフリーストールTMR飼養とでは1頭当たりの餌代が明らかに違うように、1頭当たりにかかる支出の大きさは、飼料のロスの量や個体乳量で変化します。

また、肥料費は乳牛頭数に対しては固定費ですが、さらに規模拡大を進め、粗飼料を確保するために農地を拡大する際には、増加することになります。特に牛舎の新築をする際は、タイストールからフリーストールへの転換や、TMRの導入といったように、生産体系の変更を伴うことが多く見られます。

生産体系を変更した際の収入・支出の変化は正確な予想をすることが難しいもので

変動費…生産規模に比例して増加

飼料費
養畜費
光熱動力費
家畜共済費

固定費…生産規模に関わらず一定

諸材料費　支払地代
種苗費　　農業雑費
肥料費
修理費

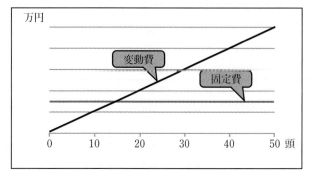

図3　変動費と固定費の区分の例

す。経営者だけで計画を立案するのではなく、専門の技術者や公的機関、農協の担当者とも話し合った上で、技術の変更点などを勘案して、新しい牛舎での経営をイメージしながら慎重に試算をすることで、より実効性の高い計画を立案するようにしましょう。

③**返済余力の算出**：収入と支出を見積もることができれば、後は家計消費額と既存の負債返済額を総括表に記入します。

家計消費額を考える際には、家族構成と家族の年齢を考えましょう。子どもの教育や結婚、独立、親世代の引退などのライフイベントに応じて、必要となる家計消費額は変動します。また、車の買い替えや家の新築など大きな出費を伴うものも十分に考慮に入れて算出しましょう。標準的な家庭の生活費は、総務省「家計調査年報」などの統計も参考になります。既存の負債返済額は、現在返済中のものについて、返済年限に注意しながら記入します。

これら収入予想、支出予想から、家庭における家計消費額と既存負債の返済額を引いたものが、**表5**の一番下の行に示されます。これが、今回の投資で発生する新たな負債に対する返済余力になります。

【**年間返済額の算定**】

投資による借入金の総額と返済年数(回数)、利率が分かれば、1年(1回)ごとの返済額は簡単に求めることができます。借入総額をX万円、返済回数をn年、利率をiとすると、年間返済額は次の式の通りとなります。

$$年間返済額 = \frac{X \times i \times (1+i)^n}{(1+i)^n - 1}$$

このとき、返済据え置き期間がある場合は、実際の返済年数をnと設定します。例として、借入金総額5,000万円、返済年数18年(当初3年据え置き)、利率0.3％の場合の酪農経営Aの年間返済額を計算してみましょう。返済は4年目からとなりますが、前記の式に数値を当てはめると、その年間返済額は

$$\frac{5{,}000万 \times 0.3\% \times (1+0.3\%)^{18-3}}{(1+0.3\%)^{18-3} - 1} \fallingdotseq 341 \text{万円}$$

でおよそ341万円と見積もることができます。

なお、逆に年間の返済可能資金のめどが

表5　A経営の年間収支総括表

年次		2018	2019	2020	2021	2022	2023	2024	2025	2026	2027
乳牛頭数	(頭)	70	70	70	70	70	70	71	72	73	74
経産牛	(頭)	50	50	50	50	50	50	51	52	53	54
育成牛	(頭)	20	20	20	20	20	20	20	20	20	20
1頭当たり乳量	(kg)	8,500	8,600	8,700	8,800	8,900	9,000	9,000	9,000	9,000	9,000
出荷乳量	(t)	390	394	399	403	408	413	421	429	437	446
乳価	(円/kg)	95	95	95	95	95	95	95	95	95	95
乳代収入	(万円)	3,701	3,745	3,788	3,832	3,875	3,919	3,997	4,076	4,154	4,232
個体販売収入	(万円)	280	280	280	280	280	280	280	280	280	280
その他収入	(万円)	150	150	150	150	150	150	150	150	150	150
収入　計	(万円)	4,131	4,175	4,218	4,262	4,305	4,349	4,427	4,506	4,584	4,662
変動費	(万円)	2,520	2,505	2,489	2,472	2,497	2,522	2,568	2,613	2,659	2,704
固定費	(万円)	300	500	500	500	500	500	500	500	500	500
支出　計	(万円)	2,820	3,005	2,989	2,972	2,997	3,022	3,068	3,113	3,159	3,204
収入－支出	(万円)	1,311	1,170	1,229	1,290	1,308	1,326	1,359	1,392	1,425	1,458
家計費	(万円)	600	600	600	600	600	700	700	700	700	700
既存負債返済	(万円)	300	300	300	300	300	300	300	300	300	300
残（返済余力）	(万円)	411	270	329	390	408	326	359	392	425	458

立っているのであれば、利用予定の資金の返済年数と利率から、借入金の可能額が計算できます。年間返済可能資金Xp万円、返済年数をn年、利率をiとすると、借り入れ可能額は次の式の通りとなります。

$$Xp \times \frac{(1+i)^n - 1}{i \times (1+i)^n}$$

年間返済可能資金300万円、返済年数20年、利率0.2％の場合、借入可能額は

$$300万 \times \frac{(1+0.2\%)^{20} - 1}{0.2\% \times (1+0.2\%)^{20}} \fallingdotseq 5,876万円$$

となります。

【比較・検討】

こうして算定した年間返済額を、**表5**の年間収支総括表の一番下の行にある「返済余力」と見比べることで、今後の返済において現金の不足が発生しないかを検討できます。

A経営の場合を考えると、返済年数は18年ですが、3年の据え置きがあるため実際の返済は21年から始まることになります。21年以降の計画値では、返済の基礎となる「返済余力」は341万以上あります。このことから、今回の投資は可能であると判断できるわけです。ただしこの判断に当たっては、1頭当たり乳量の増加や経産牛頭数の増加が前提となっています。このため、これらの達成に向けた技術の導入・乳牛改良のより具体的な計画と目標をこの後に設定していくことになります。

もし、返済余力が年間返済額を下回る年がある場合、過剰投資となり資金繰りが困難となる可能性があります。次に挙げる点に注意しながらキャッシュフロー計画と、年間返済額（すなわち、投資規模）の再検討を行いましょう。

・計画した規模の投資は本当に必要なのか。将来の増頭を見据えたものであれば、増頭に向けての具体的なロードマップはあるか
・返済余力の年次間の差は大きくないか。大きければ、1頭当たり乳量の増加、個体販売収入、変動費の設定に無理はないか
・家計消費額は適切か。家族構成員のライフイベントを適切に考慮しつつ、必要となる大きな支出を反映しているか

牛舎への投資は、数千万単位の資金が必要となることが少なくありません。投資は、計画を立て、資金を借り入れして建物を建てたらそれで終わりではありません。投資から時間が経過することによって、新しい生産技術の開発による既存技術の陳腐化で再投資が必要となったり、乳価や補給金などの社会環境が変化したりして収益性が低下する可能性があります。一度建てた計画は、状況の変化に応じて内容を変更し、それを基に生産をしていき、さらに計画を見直すという不断の見直しを行うことで、環境の変化に対応できるのです。

酪農は農業の他の作目とは異なり乳代収入が毎月入ってくるため、経営計画の見直しは、やろうと思った時こそが絶好のタイミングになります。経営計画の立案は、投資の際に限らず現状の経営の在り方を振り返り、今後の方針を新たに考える良い機会にもなります。

■公的機関による事業や融資制度

現在、牛舎への投資において使用することができる事業や融資制度（2018年4月現在）は170ジ**表6、7**の通りです。

表6の畜産クラスター事業については、畜産農家をはじめ、地域の関係事業者が連携・結集し、地域ぐるみで高収益型の畜産を実現することを趣旨としたものです。具体的には、生産コストの削減、規模拡大、外部支援組織の活用、優良な乳用後継牛の確保、和牛主体の肉用子牛の生産拡大など地域が一体となって行う取り組みに対して補助金を交付する事業となっています。基本的に集団による取り組みですが、現在は施設整備に関して従来の共同利用要件はな

く、法人化をすれば家族経営も事業の対象となります。

楽酪事業は労働負担軽減・省力化に資する機械・装置などの導入を支援するものです。ただし、既存の施設では省力機械装置の性能が十分に発揮されない場合には、省力化機械装置導入と一体的に施設の整備を認めています。

表7は農業関係の主な融資を示したものです。融資については、国や都道府県による利子補給の制度もあることから、支払いの総額をさらに抑えることも可能です。いずれのケースにおいても事前着工はできず、目的外使用もできないといった制約があるため、利用に関しては時間にゆとりをもって計画を立てていくことが必要です。事務的な手続きは農協や市町村役場が進めていくことになりますので、導入に当たっては都道府県の農業改良普及センターを含めたこれら公的機関へ相談することをお勧めします。

表6　主な農業関係事業

名称	予算額	補助率	内容
畜産クラスター事業	575億円 （2017年度）	1／2以内	畜産クラスター計画に位置付けられた中心的な経営体に対し、畜舎の整備等を支援
楽酪事業 （酪農経営体生産性向上 緊急対策事業）	50億円 （2018年度）	1／2以内	労働負担軽減・省力化に資する機械・装置などの導入支援

資料：農林水産省資料

表7　主な農業関係融資制度

名称	返済期間	据置期間	融資限度	利率(年)	内容
農業改良資金	12年以内	3年以内	個人5千万円 法人1.5億円	無利子	都道府県知事から認定を受けた経営改善資金計画の実施に必要な資金
スーパーL資金 （農業経営基盤強化資金）	25年以内	10年以内	個人3億円 法人10億円	0.2～0.3%	認定農業者が利用できる農業用の資金
経営体育成強化資金	25年以内	3年以内	個人1.5億円 法人5億円	0.30%	認定農業者以外の農業者が利用できる農業用の資金（融資は投資の8割まで）
農業近代化資金	20年以内	7年以内	個人1.8千万円 法人2億円	0.30%	農業施設の整備や経営改善に必要な長期運転資金

資料：北海道庁、日本政策金融公庫資料

第Ⅴ章

新築・改修事例

つなぎ飼い牛舎……………………………………高倉　弘一　172

搾乳ロボット牛舎①……………………………植村　哲史　174

搾乳ロボット牛舎②……………………………髙見　尚宏　176

搾乳ロボット牛舎③……………………………藤田　千賀子　178

哺育・育成牛舎①………………………………杉田　香　180

哺育・育成牛舎②………………………………川原　成人　182

換気設備…………………………………………角川　貴俊　184

新築・改修事例

第Ⅴ章 つなぎ飼い牛舎

辻隆二牧場　インタビュアー：高倉　弘一

改修前の牛舎。牛が痩せ気味で、汚れも見られる

換気扇を10mごとに設置し、リレー換気させ、窓は防鳥ネットを設置し開放している

飼槽隔壁を高くし、サイレージの引き込みを防止（旧隔壁との隙間は発泡ウレタンで埋めた）

馬栓棒設置後、牛の寝起きを確認し位置を調整（最終的に馬栓棒は2本から1本にした）

■経営概要

所在地：北海道川上郡弟子屈町
経営形態：酪農専業
農地面積：採草地27ha
飼養頭数：60頭（うち経産牛46）
年間出荷乳量：268 t
改修年月：2017年9月（改修は片側ごとに行い、18日間で施工完了）
改修費用：580万円
飼養形式：つなぎ飼い（ニューヨークタイストール）、細切りサイレージ給与

■改修の経緯

　第三者経営継承により2017年に就農した辻さんとJA摩周湖を中心に農業改良普及センター、ホクレン、釧路農協連、NOSAIなどと営農支援チームを立ち上げ、改善箇所に優先順位を付け、改修に着手した（**図1**）。

■施設改修の特徴

　係留方式をチェーンタイストール（ラップサイレージ給与体系）から、牛体が汚れにくいニューヨークタイストール（細切サイレージ体系）に変更した（**図2**）。

　この改修と併せて、換気扇の設置、給水配管（75mm）・水槽の取り換え、カウトレーナの設置、支柱の取り替え、飼槽隔壁の設置（角材）、飼槽のフラット化・レジコン施工、ストール（サイドパーテーション、馬栓棒）の設置、防鳥ネット設置、給餌車のウオー

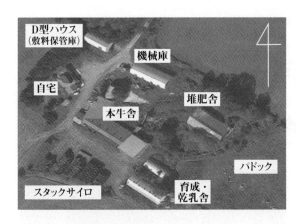

図1　牧場全体のレイアウト

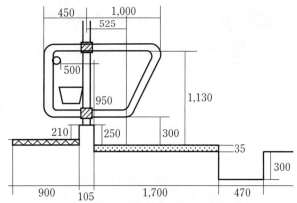

図2　牛床周辺の構造（単位：mm）

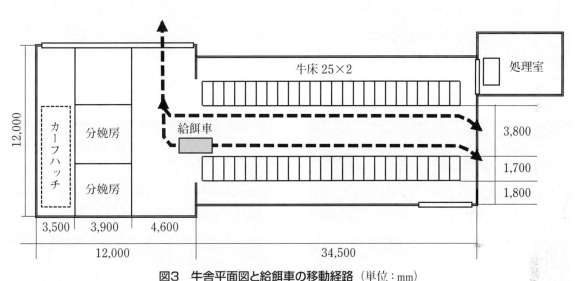

図3　牛舎平面図と給餌車の移動経路（単位：mm）

クスルー改善（段差、引き戸）なども行った（**図3**）。

牛床マットは既存の物の程度が良いため、継続使用した。

■**実際に使った結果（改修効果）**

牛舎環境の改善により、牛へのストレスが軽減し、採食量が増えた。さらに給餌車での細切りサイレージ給与体系への変更により、労働力も軽減された。換気扇設置により暑熱時の乳量低下が少なくなり、個体乳量は経営を継承した17年の20kg／日から、29kg／日に増加している。

カウトレーナ設置とストールの変更により、牛体や乳房の汚れが減り、乳房炎罹患（りかん）牛が減った。

■**今後の改善点・経営目標**

就農して2年目を迎え、搾乳牛舎でのトラブルは少ない。乳牛増頭と併せて、育成牛の管理施設や乾乳用のパドックの充実を図って行こうと考えている。

■**まとめ**

辻さんは牛舎改修に際し、地元酪農家のアドバイスや関係機関の協力を得ることの重要性を実感した。自分が目標とする酪農経営に向けて、牧場を発展させていくきっかけにしたいと考えている。

第Ⅴ章 搾乳ロボット牛舎①

新築・改修事例

㈱佐藤牧場　インタビュアー：植村　哲史

隣接したTMRセンターの作業員がTMR（搾乳牛：1日2回、乾乳牛：1日1回）を飼槽に給餌する

乾乳牛も搾乳牛と同じ牛舎で飼養するなど、最少人数で牛の移動ができるよう作業動線に配慮している

仕切り柵の形状や幅広い採食通路など、快適性向上を重視している

分娩房には監視システムが導入され、分娩時間の予測が容易に行える

■**経営概要**
所在地：北海道釧路市音別町
経営形態：酪農専業
農地面積：34ha（草地面積273ha、飼料用トウモロコシ129haを作付けするTMRセンターに加入）
飼養頭数：198頭（うち経産牛117、育成牛81）
年間出荷乳量：896t
建設年月：2017年4月
建設費用：3億3,000万円（うちフリーストール牛舎2億2,000万円、酪農機械1億1,000万円、畜産クラスター事業を利用）
給餌方式：TMR給与
搾乳方式：搾乳ロボット2台
糞尿処理体系：スラリー貯留方式

■**新築の主な狙い**
　つなぎ飼い牛舎（40頭規模）のミルカが老朽化し、交換部品が生産中止のため、牛舎新築を検討した。TMRセンター加入により粗飼料を安定的に確保できるようになったこと、畜産クラスター事業による規模拡大の可能性が広がったことをきっかけに牛舎を新築した。

■**新築施設の特徴**
　乾乳牛エリアや分娩房なども併設したオールインワン形式の牛舎で、牛舎両側面に飼槽を設け、搾乳ロボットは中央寄りに2台配置。搾乳牛エリアはシックスロウの

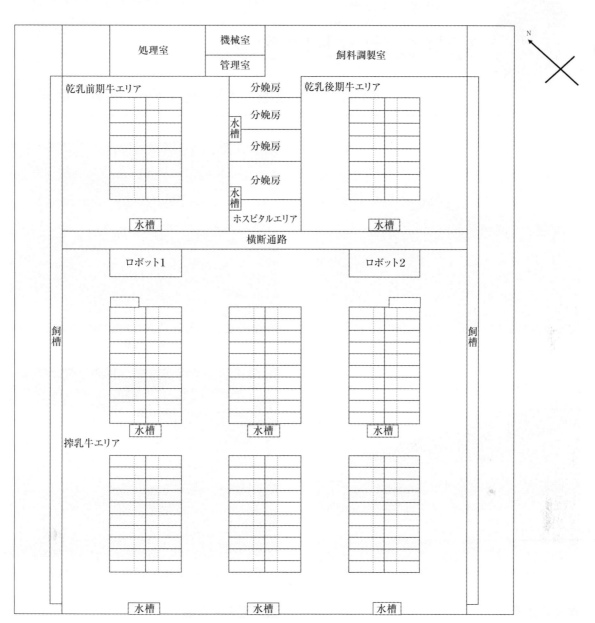

牛舎レイアウト

フリーストール120床で、乾乳牛エリアはツーロウのフリーストール16床が2カ所(前期、後期)ある。分娩房はホスピタルエリアを含め4カ所設置(18.6㎡)している。

■経営主の声

効果：出荷乳量は2016年473ｔから、17年は896ｔに増加、18年は1,200ｔ出荷を予定。平均搾乳回数は2.9回で、日平均個体乳量は37.7kg(年間1万1,077kg)。

使用した実感：搾乳作業が自動になり体の負担は減った。特に、妻と父親は搾乳から解放されて喜んでいる。一方、新たに搾乳ロボットのデータを毎日確認する作業が増えた。搾乳牛は40頭から100頭に増えたが、総労働時間は約2割減った。

■今後の改善点と経営目標

蹄病予防のため定期的な蹄浴の実施を予定している。ロボット搾乳システムは高額なので、償還計画をしっかり立てることが大切。計画出荷乳量達成に向けて、搾乳ロボットに適した後継牛の確保を目指す。

新築・改修事例

第Ⅴ章 搾乳ロボット牛舎②

㈱GATTEN牧場　インタビュアー：髙見　尚宏

牛舎全景

中央飼槽

オーバーショットと上下2枚カーテンによる換気

突き出しスペースを確保し寝起きしやすい牛床

■経営概要
所在地：北海道野付郡別海町
経営形態：法人、酪農専業
農地面積：採草地107ha
飼養頭数：220頭(うち経産牛118)
年間出荷乳量：905 t
建設年月：2018年2月
建設費用：総事業費3億8,000万円(牛舎・機械・スラリーストア、畜産クラスター事業利用)
搾乳方式：搾乳ロボット3台
給餌方式：TMRとロボット内給与
糞尿処理方式：バーンスクレーパでスラリーストアに貯留

■新築の主な狙い
　牛舎新築以前は60頭つなぎ飼い牛舎で30頭を入れ替えて搾乳していた。搾乳作業に朝晩6時間かかることから、子どもたちと一緒に過ごす時間を確保しつつ、今後の酪農情勢も考慮し、規模拡大を視野に搾乳ロボット牛舎を選択した。

■新築施設の特徴
　冬場に北西の強風を受けるためオーバーショット(棟違い)方式の屋根とし、側面カーテンを上・下段の2枚に分け、上段カーテンをオープンイーブ(軒下換気口)の代用にしている。小まめに換気を調節するため、風の流れや空気のよどみが分かる、飼槽通

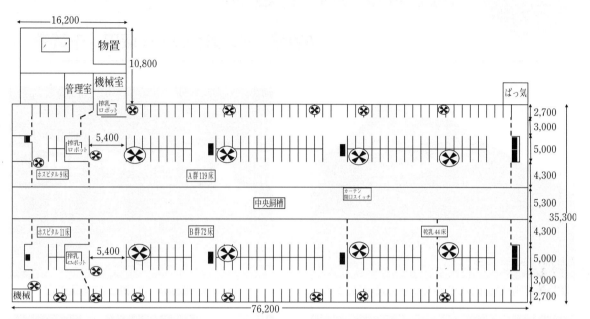

牛舎平面図（単位：mm）

路の中央にカーテン開口スイッチを設置した。大型の換気扇も設け、縦走換気をできるようにした。

搾乳ロボットはA群（**牛舎平面図**参照）に2台、B群に1台配置している。将来、ロボットを1台増設することを考え、B群奥に44床分（今は乾乳前期用）のエリアを設けた。増設用の排水配管などは工事済みである。

搾乳ロボットの前と飼槽前の通路を広くし、ロボットにアクセスしやすいレイアウトにした。

牛体の汚れを防ぎ、寝起きしやすくするため、既存牛群の体長から牛床の長さと幅を決め、突き出しスペースも確保した。

■ 経営主の声

以前のつなぎ飼い牛舎と比べると、搾乳、餌押し、除糞は自動化されたが、それ以外の作業は変わらず、別の作業も増えている。しかし時間の融通が利き、柔軟に時間を使えるようになった。

建設時は毎日現場を見て、建設会社の担当者と図面には記載されないような細かい部分まで話し合った。それでも、完成したら想定通りにいかない部分も出てきた。

■ 今後の改善点・経営目標

図面だけではイメージができず、牛舎内のゲートの向きを反対にしてしまったのは反省点。

3年で搾乳牛頭数をロボット3台分の160～170頭まで増やす。出荷乳量は1,700t／年を目指すとともに、哺育・育成牛の発育改善にも取り組む。

■ まとめ

経営者の木下寿博さんは就農当初から新築牛舎について構想し、航空写真に基づき、何度も牛舎の位置や向きをシミュレーションし、設計の詳細を決めていった。木下さんは「自分が考え抜いて納得した施設だから頑張れる」と言う。これが施設投資で最も大切なことなのではないか。

新築・改修事例

第Ⅴ章 搾乳ロボット牛舎③

A牧場　インタビュアー：藤田　千賀子

増築予定側（飼槽側）から見た牛舎外観。軒高は7m

明るい給餌通路。写真左側に増築予定

ロボット前スペースの横断通路幅は 7.2m

フットバス。水槽から給水し、排水はピットへ流す

■経営概要
所在地：北海道標津郡中標津町
経営形態：酪農専業
農地面積：68ha（TMRセンター加入）
飼養頭数：210頭（うち経産牛155、育成牛55）
年間出荷乳量：1,200t（2018年見込み）
建設年月：2018年5月
建設費用：事業費2億7,000万円（フリーストール牛舎、搾乳ロボット2台、ラグーン）
搾乳方式：搾乳ロボット2台、旧つなぎ飼い牛舎（パイプラインミルカ）
給餌方式：TMRセンターから供給された混合飼料（飼槽）＋濃厚飼料（搾乳ロボット）
糞尿処理方式：オートスクレーパ、スラリーストアに貯留

■新築の主な狙い
　搾乳ロボット導入による省力化および規模拡大による所得向上。自然光と風を最大限に利用することがポイントになっており、これにより初期投資とランニングコストを抑えることを目指した。

■新築施設の特徴
　軒高を高くし、側面や妻面へのカーテン設置、オープンリッジ（棟開口部）やオープンイーブ（軒下開口部）の設置など、基本的な考えを徹底して取り入れることにより自然の換気量を最大にしている。
　懸念されたロボットの凍結対策として、

エアーカーテンを導入した。これによりフリーストールの空気の流れが遮断でき、ロボット室内の温度が下がり過ぎることを防いでいる。

採光部分には光拡散ポリカーボネート板を使用し、牛舎内温度の上昇を緩和した。

ロボットを直列に並べ、中央から外側へ向かって通過するタイプを選択し、ロボット両側には治療や乾乳牛を振り分けるペンを設置した(**牛舎平面図**参照)。ロボット前の混雑を避けるためロボット前の横断通路を広く取っている。

蹄病対策のため、横断通路(**平面図**左側)を掘り込み、フットバスを設置した。

■**経営主の声**

明るくて臭わない牛舎をつくりたかった。稼働が遅れ、あふれた牛を町内の他のロボット導入農家に預かってもらったため、スムーズに移行できた。搾乳時の移動の方向がロボットにより異なるが、ロボットの稼働状況や牛の訪問状況に差はないと感じている。

■**今後の経営目標**

直近の目標は出荷乳量を5,500kg／日とすること。現在はロボットに合わない牛や治療牛を別棟で搾乳しているが、将来的には牛舎を増築し、ロボットをさらに2台導入することで別搾りをやめる予定。

■**まとめ**

自動搾乳という新たな技術を取り入れつつ、建築費用とランニングコスト削減に向け、自然の力を最大限利用するという考えも取り入れた牛舎である。

どこにコストをかけるかについてしっかり検討している点、将来の増築にも対応している点など今後投資をする方は参考にしてほしい。

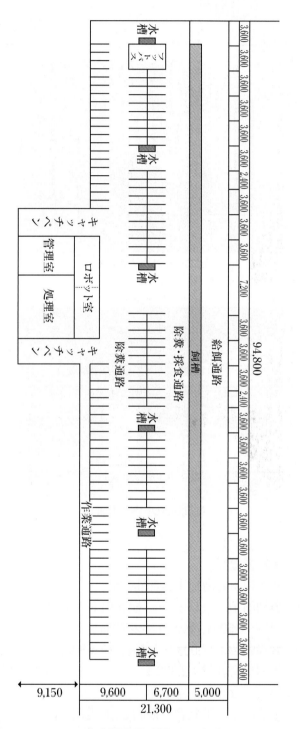

牛舎平面図（単位：mm）

新築・改修事例

第Ⅴ章 哺育・育成牛舎①

㈲ランドハート　インタビュアー：杉田　香

ビニールハウス哺乳舎

哺乳ロボット舎の外観

哺乳ロボット舎の牛床

哺乳ロボット舎の飼槽

■経営概要
所在地：北海道十勝郡浦幌町
農地面積：牧草200ha、飼料用トウモロコシ140～150ha、秋まき小麦20ha
飼養頭数：1,200頭（うち経産牛680）
年間出荷乳量：2,372 t
建築・改修年：2017年
建設費用：哺乳舎改修約1,500万円、ビニールハウス哺乳舎建築500万円
搾乳方式：ロータリパーラ（36ポイント）
給餌方式：経産牛＝TMR、育成牛・哺育牛＝分離給与
糞尿処理方式：堆肥化

■新築・改修の主な狙い
　従来は哺乳舎内のペンで個別管理し、哺乳瓶でミルクを給与していた。ペンの清掃は手作業であり、主に労働軽減を目指し、既存の哺乳舎に哺乳ロボット導入。加えて、哺乳ロボット舎移動前の子牛（生後10日まで）を管理するビニールハウスを新設した。

■新築・改修施設の特徴
【ビニールハウス哺乳舎】
　間口7.2m×長さ21m、骨組みに角パイプを用い、筋交いの部材で補強しており強度がある。
　妻面に大型ファン1台と通路に扇風機を

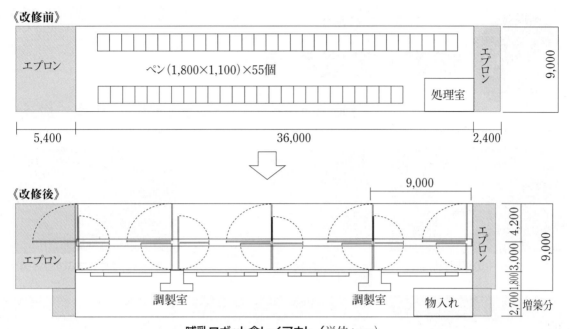

哺乳ロボット舎レイアウト（単位：mm）

哺乳牛の飼養体系

生後日数	～10日	～60日	60日以降
改修前	哺乳牛舎＋ペン		育成舎
改修後	ビニールハウス＋ペン	哺乳ロボット牛舎	

設置。夏季はハウスの両サイドのビニールをロールアップしている。

寒冷対策として業務用温風暖房機を使用。天井のビニールは2重張りになっている。ハウスの内部に給湯器、水道、哺乳瓶洗浄機がある。

【哺乳ロボット舎】

従来の哺乳舎を4区画のフリーバーンに改築し、哺乳ロボット2台を設置。寝床面積37.8㎡の1区画に、最大14、15頭を飼養しており、1頭当たり飼養面積は2.5〜2.7㎡。生後2カ月齢までの子牛を、余裕を持って飼養管理できるサイズである。

現在は週1回の清掃作業で子牛の体が汚れずに済んでいる。

1区画の飼槽幅は4.5mで2カ月齢の子牛が22頭並べる幅となっている。1区画に、暑熱対策として大型ファンを6台設置、寒冷対策として電熱線ヒータを2台設置した。

両端開放部に防鳥用のプラスチックチェーンを垂らしている。

■経営主の声

哺乳ロボット舎が稼働してから、清掃が週1回の機械作業になり楽になった。従来の哺乳舎では1日のミルクの給与量が4ℓだったが、哺乳ロボット導入により給与量の増加が可能になった（現在6ℓ）。

子牛の体の深さや伸びなどフレームサイズの改善が顕著になった。哺乳ロボット舎での群飼いに慣れることで、育成牛舎への移動直後の生育停滞が改善された。

■今後の改善点・経営目標

疾病は以前より減少したが、1カ月齢までの子牛で重篤化しない下痢や肺炎はまだ見られる。さらに罹患（りかん）率を下げたい。ET（受精卵移植）子牛の脆弱（ぜいじゃく）性を克服したい。

第Ⅴ章 哺育・育成牛舎②

新築・改修事例

太陽ふぁーむ㈲　インタビュアー：川原　成人

写真1　子牛の早期乾燥施設

写真2　乾燥施設に装備された遠赤ヒータ

写真3　子牛にまぶすケイ藻土

写真4　第1牛舎の内部

写真5　水と飼料は窓側の通路から供給

写真6　天井と壁にウレタン加工を施し、窓にスダレを設置

写真7　石灰消毒はリシンガンで行っている

写真8　哺乳瓶ホルダー。高さは寝わらで調整

写真9　側溝使い水洗・消臭

■経営概要

所在地：北海道枝幸郡浜頓別町
経営形態：法人、酪農専業
農地面積：383.7ha（TMRセンターに加入）
飼養頭数：1,200頭（経産牛680、育成牛520）
年間出荷乳量：5,964 t
哺育・育成施設の概要：第1牛舎（生後～1カ月齢、DH型ハウス）、第2牛舎（1～2カ月齢〈離乳まで〉、バンカーサイロを哺育舎に改修）、第3牛舎（2～4カ月齢、既存牛舎利用、4カ月齢以降は預託）
改修年月・費用：第1牛舎（16年）＝約1,000万円、第2牛舎（09年）＝100万円弱

■改修の主な狙い

06年に太陽ふぁーむ㈲を設立後、急速な規模拡大を推進。それに伴い子牛の多頭飼養に対する知識不足と施設不備により育成牛の死廃率が増加した。最も高かった09年は10％余りに達し、農場にとって深刻な問題になっていた。子牛に快適な飼養環境を提供することと、管理者の働きやすさの改善を目指した。

■施設改修の特徴

子牛の早期乾燥施設：分娩が主に行われるフリーバーンの乾乳施設の横に早期乾燥施設を設置し、出生子牛に遠赤外線ヒータを当てたり、ケイ藻土をまぶしたりして牛体をしっかり乾かしている（写真1～3）。

第1牛舎（50頭）：以前はビニールハウス牛舎にハッチを20台程度を設置していた

写真10 バンカーサイロを改修した第2牛舎

写真11 直接牛体に風を当てる換気システム

写真12 5つの乳首が付いた既製品の乳首を、取り外しできるように改良するなど洗浄・消毒を徹底

写真13 3つの牛舎を群ごとに移動できる手づくり移動ペン

写真14 哺乳用全乳はパスチャライザに保存

写真15 ドリルを改良した哺乳瓶洗浄機

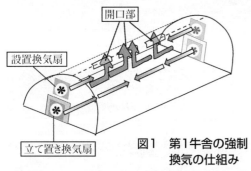
図1 第1牛舎の強制換気の仕組み

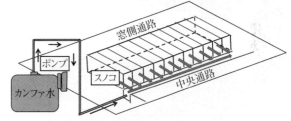
図2 牛舎の水洗施設の仕組み

が、15年に倒壊。そこをDH型ハウスで覆い(写真4、5)、次のような工夫を施した。
・両サイドから2つの換気扇で外気を吸引し牛舎内部で風をぶつけ天井(3カ所)から排気する強制換気を導入(図1)。またウレタン加工やスダレを取り付けるなど牛舎全体の空調と温度管理を実施(写真6)。
・市販のハッチから両サイドで管理できる自作のペンに変更。牛の入れ替え時の消毒や傾き45度に設定した哺乳瓶ホルダーの設置など、増頭に対応したきめ細かい管理が可能になった(写真7、8)。
・各ペンにはスノコを設置。汚水は中央通路の側溝に流れ、そこにカンファ水(次亜塩素酸ナトリウム)をポンプでくんで流し込むことで消臭している(写真9、図2)。

第2牛舎(40頭):5頭を1群として飼養。第1牛舎で子牛は健全に育っており、日々の清掃と換気や消毒を徹底することで第2牛舎でも大きなトラブルは見られない(写真10〜12)。

その他、子牛の移動、哺乳瓶の洗浄などでも工夫をしている(写真13〜15)。

■経営主の声
哺育牛管理は09年から現在の担当者が担っている。当時は法人設立に際し急激な増頭と飼養管理体系の大幅な変更で多くの困難に直面していた。そこから1つ1つ改善を図り、子牛の死廃率をピークの9.9%(09年)から1.4%(17年)へと低減させるなど十分な成果を上げている。

■今後の改善・経営目標
経産牛は今後も増頭予定で哺育牛も増頭する。そのため第2牛舎を新築し、そこで3カ月齢まで管理できる体系にする考え。
太陽ふぁーむでは古い施設を利用し、そこに新しい技術と独自のアイデアを組み合わせて改良を加えている。「頭数が増えても哺乳は手作業で」という信念も素晴らしい。

新築・改修事例

第Ⅴ章 換気設備

㈱グリムバレー　インタビュアー：角川　貴俊

牛舎側面のエアカーテン

トンネル換気用のファン

明るい牛舎内部

快適な環境でゆったりくつろぐ牛

■経営概要

所在地：北海道天塩郡豊富町
経営形態：酪農専業
農地面積：90ha（採草85、放牧5）
飼養頭数：130頭（経産牛87、育成牛43）
年間出荷乳量：570 t
建設年月：2017年3月
建設費用：1億5,000万円（牛舎、関連施設）
搾乳方式：パイプラインミルカ、搾乳キャリーレール、10ユニット（3人）
給餌方式：濃厚飼料自動給餌機、けん引型ロールカッタ（サイレージ）
糞尿処理方式：バーンクリーナで堆肥舎、尿だめに貯留

■牛舎新築の主な狙い

　旧牛舎の老朽化および規模拡大のため牛舎新築を検討し、フリーストールや搾乳ロボットも構想したが、個体管理のしやすさや家族労働での経営を考慮してつなぎ飼い牛舎を選択した。当初は自動換気システムや自動給餌機を導入する予定ではなかったが、事例を視察し、牛の快適性向上や管理の省力化を目指し投資を決断した。

■新築施設の特徴

　自動換気システムを採用しており、温度変化に応じて自然換気と強制換気（トンネル換気）が切り替わる。牛舎内の温度が20℃以下の場合は牛舎側面のエアカーテンが開閉し、連動して屋根のベンチレータで

換気や温度の調整を行う。

20℃以上の場合、牛舎前方のエアカーテン（牛舎レイアウトの※印部分が入気口）以外が閉じ、トンネル換気用のファンを稼働させ換気量や温度を調整する。

牛舎外部のセンサは天候も感知しており、雨天の場合は牛舎内に雨が入らないようエアカーテンの開閉が調整される。冬季は牛舎内の温度を5℃に設定しており、エアカーテンによって小まめな調整が行われる。

■経営主の声

代表取締役の渋谷康己さんは「牛にも人にも快適な環境が確保できた」と話す。評価の詳細は次の通り。

・牛舎内の臭いがなく、明るい（エアカーテン部の採光性が高い）ため、牛の採食性が向上した
・新牛舎に移行してから、牛のストレスが少なくなったことで事故率が下がり、廃用になる牛も減少した
・夏季も冬季も24時間体制で理想的な換気、温度調整が可能になり、省力化にもつながっている。明るく涼しいため、作業がしやすく、家族からの評価も高い

■今後の改善点・経営目標

降雪が多い場合、エアカーテンに付着した雪が重みとなって、カーテンが垂れ下がることがあり、改善策を検討中。

霧のような細かい雨の場合、牛舎外部センサが感知できずに牛舎内に雨が入ることもあるため対策が必要。

新築牛舎の機能を十分に生かして、さらなる生産性の向上を目指す。旧牛舎を育成牛などの管理に活用しているが、やや離れているため、全体の作業動線の改善を実施予定。

■まとめ

今回の投資は出荷乳量の増加、疾病や事故の減少など生産性の向上に大きく貢献している。自動換気システムの導入は良好な飼養環境の確保や省力化を達成し、経営主の求めた効果を十分に発揮しているといえるだろう。

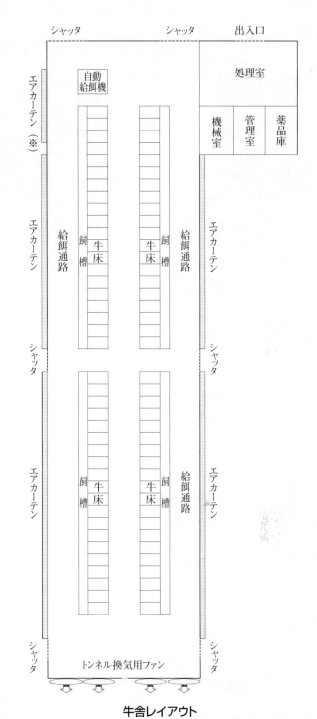

牛舎レイアウト

ACEペレット / ACEパウダー

[A飼料] ビタミンCを含むビタミン入り混合飼料

- 有効成分がビタミンAD₃EにCをプラスしたシンプルな混合飼料ですので、どのようなステージの牛にも給与しやすい内容になっています。
- 特に、ビタミンCはストレスへの抵抗性を向上させます。
- 分娩から泌乳期にかけての母牛や、ストレスの多い子牛に最適です。

ACEペレット 包装 10kg・20kg紙袋
ACEパウダー 包装 20kg紙袋

スーパーハイビタ
液状高単位ビタミンA・D₃・E(飼料添加物) 包装 1Lパウチ容器
- 健康維持に重要なA、骨の形成に大切なD₃、繁殖に不可欠なEがそろっています。
- 高単位のビタミンを含有し、嗜好性がよいので飼料にふりかけてもよく食べます。

Eハイビタ75
Eを強化した液状ビタミンA・D₃・E(飼料添加物) 包装 1Lパウチ容器
- 繁殖と免疫の機能に重要な働きをするビタミンEを特に強化しています。
- 正常な繁殖成績維持のため、産前・産後の給与をおすすめします。

供給 ホクレン農業協同組合連合会
ご注文はお近くのJAもしくはホクレン支所畜産生産課・酪農畜産課へどうぞ！

販売 株式会社 科学飼料研究所
本社 東京都中央区築地1-12-6(築地えとビル)
札幌事業所 札幌市中央区北3条西3-1-47 NORTH3.3ビル7階
TEL:011-214-3656 FAX:011-214-3658

みんなで築こう豊かな畜産 すすめよう集団防疫

フィーダーボックス
SFBM800(容量8㎥) SFBM1000(容量10㎥)
SFBM1200(容量12㎥) SFBM1400(容量14㎥)
SFBM1600(容量16㎥) SFBM1700(容量17㎥)

- 切断された飼料を貯蔵し、一定に排出。
- 背板や扉板とクロスコンベヤ等の錆びやすい部分はステンレス製。
- 全型式が新連続送機構で安定した速度。
- フロアコンベヤは#78強力チェーンで長寿命。

SFBM1400

飼料の貯蔵、定量排出

トランスミッション
バーンクリーナ用・密閉型・オイルバス

SCTM200/SCTM200BJ/リンクチェーン用
SCTM200BJF/SCTM200PF/フックチェーン用

- 密閉型オイルバスで、過酷な運転に耐え、長いチェーンも駆動可。リンクチェーン、フックチェーンどちらにも対応。
- 多種のエレベータに取付ができる型式を用意。
- 各社のエレベータも製作可能。

軽量型 重量120kg

マニアスクレッパ
トラクタローダ用	MS2200RV/MS2400RV
スキッドローダ用 ミニホイールローダ用	MCMS2200RV/MCMS2400RV
ホイールローダ用	TCNMS2200RV/TCNMS2400RV

- ゴムホルダー自体を回転させ面倒なゴムの反転交換作業を軽減。
- 除糞専用の厚み65mmゴムを使用。
- 本体には亜鉛メッキをし、腐食を防止。
※巾2.2mと巾2.4m。

新リバーシブル型 **亜鉛メッキ**

フィードコンベヤ
亜鉛鋼板FCT60-M330 M430 M530 M630
ステンレスFCT60-M330SU M430SU M530SU M630SU

キャスターが大きくなって移動が楽々!

- 切断機からの切断草を受けたり、大型ミキシングへの投入など、多様に使用可。
- 36cmの低いテーブルは、ほとんどの切断機に対応。

亜鉛メッキ鋼板製(ステンレス製もあります)
上下のウィンチ、三相モータ付。

SHIBUYA 株式会社 渋谷
〒090-0832 北海道北見市栄町2丁目1-2

TEL0157-23-6241 FAX0157-25-4699
[北見 渋谷] 検索
E-mail k-sibuya@vesta.ocn.ne.jp HP http://k-sibuya.sakura.ne.jp/

カウコンフォートの新たな革命!!

- ストームファン
- ブリーズファン
- Y2K ストール
- 連動スタンチョン
- アクアダンプ（水飲み）
- ゲート

パスチャーマット

オプションの
プレミアムパッドで、
より快適に!!

野澤組のトータルアプローチ

株式会社 野澤組 機械部

本社　〒100-0005 東京都千代田区丸の内3-4-1（新国際ビル）
TEL 03-3216-3469　　FAX 03-3284-1736
E-mail：machinery@nosawa.co.jp　http://www.totalapproach.co.jp/

株式会社 デーリィ・ソリューション
北海道事業所：〒080-0048 北海道帯広市西18条北1-1-2
TEL：0155-35-1115　FAX：0155-35-1110

北海道営業本部：北海道帯広市西18条北1-1-2
　〒080-0048　TEL 0155-67-5025　FAX 0155-67-6207
九州営業所：熊本県熊本市中央区神水2-10-7（光永ビル）
　〒862-0954　TEL 096-381-3914　FAX 096-381-3841

Be GREEN.

キーナン社製、最新テクノロジー搭載ミキサーフィーダー

ミキサーはエサを混ぜさえすればよいのでしょうか？
キーナンのミキサーは、独特の6パドルシステムと撹拌槽底面のナイフを持つ他に類を見ない特許取得の構造で、優しいカッティングとミキシングを実現し、ルーメンの働きを最適化する物理的に優れた形状の『メックファイバー』飼料をお届けします。

キーナンのミキサーで飼料効率改善－持続可能な酪農を！

Think GREEN.
Think KEENAN.

オルテック・ジャパン合同会社

福岡市中央区天神 3-3-5 天神大産ビル 4 階　　Tel：092 718 2288　Fax：092 781 6355
www.alltech.com/japan　　www.keenansystem.com/ie-en/

FLEX STALL
フレックス・ストール
牛がすみやかに横たわる緑のストール

DCC WATERBEDS
DCC ウォーターベッド
脚にやさしく、牛が快適

輸入販売元 **東邦貿易株式会社** TOHO BOEKI K.K.

本　社：東京都目黒区中根 2-13-10　　TEL 03-3723-7181　FAX 03-3724-1412
営業所：北海道帯広市西 17 条北 2-37-9　TEL 0155-34-3126　FAX 0155-35-2916
http://www.tohoboeki.com　東邦貿易　検索

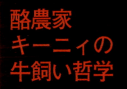

酪農家 キーニィの 牛飼い哲学

マーク・H・キーニィ 著
市川 清水 訳

1954年の日本語版発行依頼、第6刷まで版を重ね、全国酪農家に支持されてきた本書。長らく絶版となっていましたが多くの酪農家の熱望に応えて復活発行いたしました。

サイズ 145×220mm 272頁 上製本 箱付
定価 本体価格 3,500円＋税 送料 300円

― 図書のお申し込みは ―
デーリィマン社 管理部

☎ 011(209)1003　FAX 011(209)0534
〒060-0004 札幌市中央区北4条西13丁目
e-mail kanri@dairyman.co.jp

※ホームページからも雑誌・書籍の注文が可能です。http://dairyman.aispr.jp/

牛舎の衛生管理に！

消毒マット

消毒マットセット

※マットはグリーン又はブラウンからお選び下さい。

消毒マット（#6）

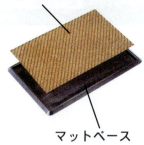

消毒マット
マットベース

●マット
52239 グリーン
52232 ブラウン
550×850mm、約0.7kg
厚み：約8mm
材質：PP

●ベース
52233
600×900mm、約3.8kg
厚み：約20mm
材質：合成ゴム

●消毒マットセット
52224 グリーン
52225 ブラウン
600×900mm、約4.5kg
厚み：約20mm

消毒マット（#12）

消毒マット
マットベース

●マット
52223 グリーン
52222 ブラウン
820×1,120mm、約1.3kg
厚み：約8mm
材質：PP

●ベース
52234
900×1,200mm、約6.5kg
厚み：約18mm
材質：合成ゴム

●消毒マットセット
52226 グリーン
52227 ブラウン
900×1,200mm、約7.8kg
厚み：約18mm

消毒足マット

52230　60×42×3cm

消毒箱（人工芝付）

52220
外寸：504×341×168mm
内寸：460×305×160mm

FAX.011-271-5515
フリーダイヤル 0120-369-037

デーリィマン社 事業販売部

E-Mail:kanri@dairyman.co.jp　※当社は土・日・祝日は休業です。
http://dairyman.aispr.jp/　※ホームページからもご注文が可能です。
〒060-0004 札幌市中央区北4条西13丁目
☎011(261)1410

■ウォールサイン（壁面取付型）
サイズ：横1m80cm×高90cm／アルミ樹脂板t3.0・グラフィック出力貼り（片面）

※簡単取付で、サイズ・デザイン・カット文字・各種変更可能です。お問い合わせください。【参考価格】60,000円～

※知的所有権および著作権法により、デザイン使用・コピー・複製をすることを一切禁止します。

FAX.011-271-5515
フリーダイヤル 0120-369-037

デーリィマン社 事業販売部

E-Mail：kanri@dairyman.co.jp　※当社は土・日・祝日は休業です。　〒060-0004 札幌市中央区北4条西13丁目
http://dairyman.aispr.jp/　※ホームページからもご注文が可能です。　☎011(261)1410

牛と人に優しい牛舎づくり

DAIRYMAN　秋季臨時増刊号
定　価　4,381円＋税
（送料　267円＋税）

平成30年9月25日印刷
平成30年10月1日発行

発行人　新井　敏孝
編集人　星野　晃一
発行所　デーリィマン社

札 幌 本 社　札幌市中央区北4条西13丁目
　　　　　　　TEL　(011) 231−5261
　　　　　　　FAX　(011) 209−0534

東 京 本 社　東京都豊島区北大塚2丁目15−9
　　　　　　　ITY大塚ビル3階
　　　　　　　TEL　(03) 3915−0281
　　　　　　　FAX　(03) 5394−7135

■乱丁・落丁はお取り換えします
■無断複写・転載を禁じます
ISBN978-4-86453-057-6 C0461 ￥4381E
Ⓒデーリィマン社　2018
表紙デザイン　葉原　裕久(vamos)
印刷所　大日本印刷(株)

股裂きの事故が多くて困っている
これまでマットは何度も貼り替えたよ
とにかくカウコンフォートを改善したい

それなら……

ZIGZAGマット

鋼鉄製ワイヤーは5mm間隔！

鋼鉄製ワイヤー入りの
肉厚マットはとにかく頑丈！

大型機械でガンガン
除糞作業しても大丈夫！

パーラー待機場にもZIGZAG！
深いジグザグ溝で滑りにくく耐久性抜群！

ご好評につき全国各地に設置！
総面積20,000㎡超！

http://www.nastokyo.co.jp
ナスアグリサービス
NASU AGRI SERVICE,Inc.

フリーダイヤル **0120-03-7432**
〒107-0052 東京都港区赤坂8-7-1　FAX03-3404-7432